Katja Bredlau-Morich

DAS HUNDETAPING LEXIKON

Krankheitsbilder von A bis Z tapen

Kynos

Konrad-Zuse-Straße 3, D-54552 Nerdlen / Daun
Telefon: 06592 957389-0
Kontakt: info@kynos-verlag.de
www.kynos-verlag.de

Grafik & Layout: Kynos Verlag

Gedruckt in Lettland

1. Auflage 2026
ISBN 978-3-95464-351-6

Bildnachweis: Siehe S. 169

INHALTSVERZEICHNIS

Vorwort 7

KAPITEL 1 Allgemeines zum Taping 9

Einführung 10
Kontraindikationen 11
Wirkung des Tapes 12
Wirkung der Farben 13
Vorbereitung von Fell und Tape 17
Kinesiologisches Tape versus Gittertapes 21
Fachbegriffe aus dem Taping 23

KAPITEL 2 Die Tapingtechniken 27

End-to-End-Technik 29
Inside-Out-Technik 37

KAPITEL 3 Krankheitsbilder und Indikationen von A bis Z tapen 41

Akupunkturpunkte 43
Angst / Nervosität 46
Arthrose 47
Ataxie 50
Atemwegsprobleme (Husten, Zwingerhusten) 52
Atrophierte oder schwache Hinterhandmuskulatur 54
Atrophierte oder schwache Rückenmuskulatur 56
Augenentzündung (Konjunktivitis) 58
Bambuswirbelsäule 59

Bandscheibenvorfall ... 61
Bizepssehnenverletzung ... 62
Blutohr ... 64
Cauda-Equina-Syndrom ... 65
Dackellähme ... 67
Ellenbogendysplasie ... 68
Fasziale Probleme ... 70
Fehlstellungen ... 72
Femurkopfresektion/-nekrose ... 74
Hüftgelenksarthrose ... 75
Hüftgelenksdysplasie ... 76
Hyperextension des Sprunggelenks ... 77
Impfbeule ... 80
Insektenstich ... 81
Instabilität des Ellenbogens ... 81
Instabilität des Karpalgelenks ... 82
Instabilität des Knies ... 84
Instabilität des Sprunggelenks ... 85
ISG-Blockaden ... 85
ISG-Verspannungen ... 87
Karpalgelenksarthrose ... 88
Kastrationsnarbe ... 89
Kiefergelenksprobleme ... 90
Kniebänder ... 91
Kniefaszie ... 93
Kreuzbandriss ... 95
Magenprobleme ... 96

Meniskusschaden 98
Muskelfaserriss 98
Narben 101
O-Beinigkeit 104
Osteochondrose der Wirbelsäule 106
Osteochondrose dissecans (OCD) der Gelenke 106
Patellaluxation 107
Plattfüße (Spreizfuß / Durchtrittigkeit) 110
Rollballen 112
Rückenfaszie 113
Schleimbeutelentzündung (Bursitis) 116
Schwellungen 118
Schwimmer-Syndrom 119
Sehnenverletzungen / Sehnenüberdehnungen 122
Sehnenverkürzung 123
Spondylose 125
Triggerpunkte / Stresspunkte 127
Überköten 128
Vestibularsyndrom 131
Verspannte Muskulatur 135
Wasserrute 138
Wirbelblockaden 141
Wobbler-Syndrom 143
Wunden 146
X-Beinigkeit 147
Zehengrundgelenksarthrose 149
Zwerchfellblockade 150

KAPITEL 4 Taping mit anderen Therapieformen kombinieren 153

Akupunktur 154

Balance-Pads 156

Laser 157

Magnetfeldtherapie 158

Manuelle Therapien 159

Massage- und Fasziengeräte 160

Wärmekissen 161

Wasserlaufband 162

ANHANG 165

Danksagung 166

Über die Autorin 167

Literaturquellen 168

Bildnachweis 169

Index 170

VORWORT

2019 erschien mein Buch „Kinesiologisches Taping für Hunde" im Kynos Verlag. Das Buch hat bereits vielen Therapeuten und Hundebesitzern geholfen und tut dies auch immer noch. Die Inhalte darin sind keineswegs überholt oder veraltet. Das ganze Basiswissen rund ums kinesiologische Hundetaping findet sich, wie der Titel schon sagt, in diesem Buch. Dieses neue Buch soll es nicht ersetzen, ganz im Gegenteil, es ist eine Ergänzung dazu!

Mich erreichen immer und immer wieder Anfragen von Kollegen und Tierbesitzern, die zwar besagtes Buch gelesen und dennoch Fragen haben, wie man das kinesiologische Tape spezifisch bei bestimmten Krankheitsbildern am besten einsetzen kann. Natürlich gebe ich da gerne Auskunft. Aber da es immer wieder und wirklich viele Anfragen gibt und diese vielleicht auch für andere Personen interessant und hilfreich sein könnten, entstand der Gedanke zu einem Taping-Lexikon. Die Version für Pferde ist bereits im März 2025 im Müller Rüschlikon Verlag mit dem Titel „Das Pferdetaping Lexikon" erschienen.

Aber da Hunde ja oftmals ganz andere Probleme und Krankheiten haben als Pferde, sollten diese Vierbeiner gesondert betrachtet werden. Daher halten Sie heute das Hundetaping-Lexikon in Händen.

Auch hier gibt es eine kurze Einleitung und wichtige Basisinformationen, aber der Hauptfokus liegt ganz klar auf den spezifischen Anwendungsmöglichkeiten des Tapes bei den verschiedenen Krankheitsbildern von Hunden.

Zum einfacheren Auffinden sind die Erkrankungen alphabetisch sortiert.

Viel Spaß beim Lesen und Tapen!

Ihre
Katja Bredlau-Morich

Zertifizierte Tierphysiotherapeutin

KAPITEL 1

ALLGEMEINES ZUM TAPING

EINFÜHRUNG

Basics müssen sein! In meinem Buch „Kinesiologisches Taping für Hunde" sind diese sehr ausführlich beschrieben. Hier dagegen wird deutlich kürzer darauf eingegangen, aber ganz ohne geht es einfach nicht.

Kinesiologisches Tape wurde in den 1970er-Jahren vom japanischen Chiropraktiker Dr. Kenzo Kase entwickelt. Er suchte nach einer Möglichkeit, mit der er seine chiropraktische Behandlung noch effektiver, nachhaltiger und langfristiger unterstützen konnte – und das ist ihm mit dem Tape ideal gelungen. Nichts trifft es besser als die Aussage einer Kollegin vor einiger Zeit: „Kinesiologisches Tape sind die Hände des Therapeuten, wenn dieser schon längst gegangen ist."

Im Vergleich zu dem bis dahin vorhandenen starren und unelastischen Sporttape hat kinesiologisches Tape einen ganz anderen Ansatz. Es ist aufgrund von eingearbeiteten Elasthanfasern elastisch und lässt sich in die Längsrichtung dehnen. Dadurch kann es mit dem Körper und dem Gewebe in der Bewegung mitgehen und schränkt den Bewegungsradius nicht ein.

Kinesiologisches Tape ist eine unterstützende Behandlungsmethode, die nach der physiotherapeutischen, osteopathischen oder chiropraktischen Arbeit noch nachwirken oder im Training als zusätzlicher Impuls eingesetzt werden kann.

Dies gilt für alle Krankheitsbilder bzw. Probleme und deren Tapinganlagen, die in Kapitel 3 dieses Buches beschrieben sind.

Das soll nicht heißen, dass kinesiologisches Tape für sich alleine nichts bewirkt, aber es ist noch viel effektiver, wenn man es mit einer gezielten Behandlung oder angepasstem Training kombinieren kann.

Entspannendes Muskeltape für die lange Rückenmuskulatur

KONTRAINDIKATIONEN

Auch diese sind in meinem Buch „Kinesiologisches Taping für Hunde" ausführlich beschrieben. Im Grunde gelten für das Taping die gleichen Kontraindikationen wie generell für jede tierphysiotherapeutische Behandlung. Dennoch sollte man sie sich noch mal kurz vergegenwärtigen:

- **Fieber**

Immunreaktion abwarten, bis das Fieber komplett abgeklungen ist.

- **Akute lokale Entzündungen**

Wenn der Hund sich z. B. eine Kralle ausgerissen hat und die Pfote geschwollen ist, wird keine Tapinganlage angelegt, solange der Bereich noch heiß und entzündlich ist.

- **Offene Wunden und Verletzungen**

Auf Wunden direkt wird nichts getapt! Es würde aufgrund der Wundflüssigkeit sowieso nicht halten. Außen um eine Wunde herum kann jedoch gerne getapt werden, auch, wenn dieser Bereich leicht geschwollen ist – allerdings nur dann, wenn die Schwellung nicht heiß ist!

- **Trächtigkeit**

Bei tragenden Hündinnen bitte keinerlei Tapinganlagen am Rumpf anbringen (z. B. Rückentape oder Dermatomtape). Hat eine trächtige Hündin eventuell eine Zehengrundgelenksarthrose, kann man lokal aber durchaus tapen.

- **Hauterkrankungen**

Wenn das Fell ausgeht bzw. die Haut unter dem Fell in Mitleidenschaft gezogen ist, bitte den betroffenen Bereich aussparen. Auch wenn die Haut sehr dünn und brüchig ist, wie es z. B. nach langer Cortisongabe häufig der Fall ist, sollte man mit einer Tapinganlage eher vorsichtig sein.

- **Herzinsuffizienz**

Da Taping eine kreislaufanregende Wirkung hat, ist hier Vorsicht geboten. Ist der Hund medikamentös aber gut eingestellt und körperlich fit, kann man durchaus eine Tapinganlage kleben.

- **Indirekte Kontraindikation: Felllänge**

Es gibt Tapinganlagen wie das Stabilisierungstape, die nur bei kurzhaarigen Hunden funktionieren und Sinn machen. Das wird im entsprechenden Abschnitt im zweiten Teil des Buches nochmal ausführlich erläutert.

WIRKUNG DES TAPES

Kinesiologisches Tape ist aus einem Baumwollgewebe gefertigt, welches in seiner Längsrichtung mit Elasthanfasern durchzogen ist. Und was in der Physik gilt, gilt auch beim Tape: Alles, was gedehnt wird, will wieder in seine ungedehnte Ausgangsform zurück.

Das Zusammenziehen des kinesiologischen Tapes nennt man „Recoil". Diesen Recoil macht man sich bei fast allen Tapinganlagen zunutze, um dem Gewebe eine Zugrichtung vorzugeben. Beim Muskeltaping zum Beispiel, um den Muskel entweder in der Kontraktion oder in der Dehnung zu unterstützen. Oder auch beim Lymphtape nutzt man es, um der gestauten Lymphflüssigkeit den richtigen Weg für den Abfluss zu zeigen.

Da das Tape auf der Oberfläche des Fells haftet, schiebt es dieses aufgrund des Recoils mit der darunter befindlichen Haut leicht zusammen und hebt es dabei ganz leicht an. Es entsteht der sogenannte „Anhebe-Effekt". Dieser schafft Platz im Gewebe und alle Strukturen, die dort komprimiert waren, egal ob verspannte Muskelfasern, verklebte Faszien oder durch Schwellungen komprimierte Blut- und Lymphgefäße, profitieren von diesem Raumgewinn. Zusätzlich wirkt sich der Anhebe-Effekt auf sämtliche Rezeptoren aus, die sich im Unterhautgewebe und rund um die Haarwurzeln befinden. Somit werden Schmerzrezeptoren angesprochen, genauso wie Mechanorezeptoren und Propriozeptoren.

Zur Propriozeption sei gesagt: *Alle* Tapinganlagen beim Hund sprechen die Körperwahrnehmung an, da rund um die Haarwurzeln über 60 % aller Propriozeptoren im Hundekörper liegen! Insofern gibt es auch gezielte, komplett spannungsfreie Anlagetechniken, die nur die Propriozeption ansprechen. Dabei macht man sich nur die Scherkräfte zunutze, die entstehen, wenn sich der Hund mit dem Tape bewegt. Diese Scherkräfte zwischen dem spannungsfreien Tape und dem Fell sowie der Haarwurzel und der dort befindlichen Propriozeptoren sprechen eben nur die Körperwahrnehmung an!

Somit gibt es drei entscheidende Wirkungsweisen für das kinesiologische Tape, die alle miteinander verknüpft sind und interagieren:

RECOIL – die Zugrichtung des Tapes gibt dem Gewebe eine Richtung vor.

ANHEBE-EFFEKT – Raumgewinn im Gewebe sowie Stimulierung von Rezeptoren.

PROPRIOZEPTION – Stimulation der Propriozeptoren und Verbesserung der Körperwahrnehmung.

WIRKUNG DER FARBEN

Haben die Farben wirklich eine Bedeutung oder sieht es bunt einfach ein bisschen schöner aus? Diese Frage wird immer wieder ausführlich diskutiert. Schöner aussehen tut es durchaus, aber auch im Fall der Farben kann man wieder auf die Physik zurückgreifen: Gemäß dem Farbspektrum hat jede Farbe ihre ganz spezifische Wellenlänge und Frequenz und somit auch eine unterschiedliche Eindringtiefe und -stärke in die Zelle. Man kann also davon ausgehen, dass die Farbe durchaus eine Wirkung hat.

Taping nach Farblehre ist dank einer großen Farbauswahl kein Problem.

Hier die gängigsten Farben im Überblick:

Rot

Rot ist eine der drei Primärfarben der Farblehre, auch Grundfarben genannt. Das bedeutet, dass sie nicht durch Mischung anderer Farben entsteht. Rot wirkt vor allem dynamisch, belebend und anregend. Es steigert die Energie, die Vitalität, die Durchblutung und die Aktivität, wirkt positiv auf das sensorische Nervensystem und den Stoffwechsel. Rot wärmt.

Physikalische Daten:
Wellenlänge 640 – 780 nm
Frequenz 470 – 380 THz

Gelb

Auch Gelb gehört zu den drei Primärfarben. Gelb wirkt anregend und wärmend, aber nicht ganz so sehr wie Rot. Es sammelt und harmonisiert die Energie und wirkt positiv auf Drüsen und Lymphsystem. Die Farbe Gelb fördert die Funktion von inneren Organen wie Leber, Milz, Gallenblase, Magen und Darm.

Physikalische Daten:
Wellenlänge 570 – 600 nm
Frequenz 530 – 500 THz

Blau

Blau ist die dritte Primärfarbe der Farblehre. Es wirkt entspannend und beruhigend auf eine kühlende Art und Weise, sorgt für körperliche Entspannung, Stressreduktion und senkt den Blutdruck. Durch seine kühlende und antiseptische Wirkung kommt es häufig bei Fieber, Entzündungen oder Sonnenbrand zum Einsatz.

Physikalische Daten:
Wellenlänge 430 – 490 nm
Frequenz 700 – 610 THz

Pink / Rosa

Pink ist eine Sekundärfarbe und eine Abstufung von Rot. Je nach Helligkeit des Farbtons wird Pink eine sanfte bis besänftigende Wirkung zugesprochen. Sie soll zu innerer Ruhe und Gelassenheit führen und die Stimmung aufhellen. Ähnlich wie beim Farbton Rot ordnet man der Farbe Rosa / Pink eine Energie zuführende Wirkung zu.

Physikalische Daten:

Rosa / Pink ist im klassischen Farbspektrum nicht angelegt und wird am ehesten dem ultravioletten Bereich zugeordnet. Wissenschaftlich lässt sich diesem Farbton nur schwer eine genaue Wellenlänge und Frequenz zuordnen.

Grün

Grün ist eine Sekundärfarbe und entsteht durch das Mischen der zwei Primärfarben Gelb und Blau. Man sagt ihm die größte heilende und regenerierende sowie entspannende Wirkung nach. Grün wirkt ausgleichend, harmonisierend bzw. neutralisierend und beruhigend. Es wird auch oft als *die* Heilfarbe bezeichnet!

Physikalische Daten:
Wellenlänge 490 – 570 nm
Frequenz 610 – 530 THz

Violett / Lila

Violett entsteht durch die Mischung von Rot und Blau und ist somit ebenfalls eine Sekundärfarbe. In der Wirkung ist es oft umstritten, was eben aus der Mischung der Gegensätze Rot und Blau hervorgehen mag. Je nach Schattierung kann es harmonisieren und beruhigen, aber auch Energie spendend wirken. Lila fördert die Konzentration.

Physikalische Daten:
Wellenlänge 380 – 430 nm
Frequenz 790 – 700 THz

Türkis

Türkis ist eine Sekundärfarbe und entsteht beim Mischen von Grün und Blau. Es soll das Immunsystem stärken und den Stoffwechsel anregen sowie gegen Entzündungen helfen. Auch auf die Wundheilung soll Türkis sich positiv auswirken.

Physikalische Daten:
Wellenlänge 500 – 520 nm
Frequenz liegt um die 600 THz

Orange

Orange ist eine Sekundärfarbe und entsteht beim Mischen von Rot und Gelb. Es ist eine aufmunternde Farbe, die gezielt gegen innere Unruhe eingesetzt wird, um Entspannung zu fördern und die Stimmung aufzuheitern. Zudem wird Orangetönen vielfach eine Förderung der Kreativität und der Denkprozesse nachgesagt.

Physikalische Daten:
Wellenlänge 585 – 650 nm
Frequenz 513 – 462 THz

Schwarz

Schwarz ist im Rahmen des Lichtspektrums keine Farbe (mit einer bestimmten Wellenlänge), sondern ein Zustand des Auges! Wenn kein Licht ins Auge fällt, wirkt es schwarz.

Gemäß physikalischer Definition ist Schwarz die Abwesenheit von Farbe. Schwarz entzieht Energie und sollte deshalb niemals bei Erschöpfungszuständen angewendet werden.

Physikalische Daten:

Da es keine Farbe ist, kann Schwarz auch keine bestimmte Wellenlänge bzw. Frequenz zugeordnet werden.

Was kann man nun abschließend zu dem Thema Farben sagen?

Es muss natürlich jeder für sich selbst wissen, ob man die Farben mit in die Behandlung mit einfließen lassen möchte oder nicht. Der eine möchte alles dezent in Schwarz haben, der nächste steht eher auf knallpink. Der Dritte hört auf sein Bauchgefühl, der Vierte macht alles gemäß Corporate Branding in den Firmenfarben.

Das kann man ganz individuell entscheiden. Und wenn man sich unsicher ist, kann man ja hier nochmal nachschauen und sich vielleicht doch an der Farblehre orientieren. Schaden kann es auf jeden Fall nicht.

Die meisten Bilder in den Fallbeispielen stammen aus der täglichen Praxis. Deshalb sind viele Farbkombinationen aus dem Bauchgefühl heraus entstanden und viele beruhen auch auf dem Farbwunsch des jeweiligen Hundebesitzers. Wieder andere Bilder sind bei Tapingkursen entstanden, wo es primär um das Üben des Handlings ging und nicht unbedingt um gezielte Farbauswahl. Die abgebildeten Tapinganlagen im dritten Teil des Buches mit den verschiedenen Farben beruhen daher nicht streng auf der Farblehre!

VORBEREITUNG VON FELL UND TAPE

Das Tapen auf Fell ist manchmal nicht so einfach. Zumindest nicht so einfach wie auf unbehaarter Haut …

Daher gibt es einige Punkte, die man bei der Vorbereitung beachten sollte, um die bestmögliche Haftung und somit auch die optimale Wirkung des kinesiologischen Tapes zu gewährleisten.

Es wird immer wieder gefragt, ob Taping auch auf langem Hundefell funktioniert. Entsprechend entwickelte Tapes haften auch auf sehr langem Fell, aber es kommt einfach nicht so viel Reiz an den Rezeptoren an, weil sich das über die Länge des Fells verliert, und es gibt auch ganz klar Tapinganlagen wie das Stabilisierungstape, die nur bei kurzem Fell funktionieren und eine Wirkung zeigen. Darauf wird aber bei den entsprechenden Tapingtechniken im zweiten Abschnitt des Buches nochmal hingewiesen.

Unabhängig von der Länge des Fells sind aber immer die folgenden Punkte bei der Vorbereitung zum Tapen zu beachten:

Vorbereitung des Fells:

Es gibt drei entscheidende Kriterien für eine optimale Haftung:

- **Das Fell muss sauber sein.**

Natürlich muss ein Hund nicht auf Hochglanz gewienert sein, wenn man ihn tapen möchte. Aber er sollte halt auch nicht gerade schlammverkrustet und eingestaubt sein. In beiden Fällen würde das Tape nämlich nur auf dem Dreck / Staub haften und sich nicht optimal mit dem Fell verbinden.

- **Das Fell muss trocken sein.**

Leider ist es so, dass kinesiologisches Tape nur ganz schlecht auf nassem Fell haftet. Wenn der Hund vor dem Termin also noch im strömenden Regen Gassi war und dann nass beim Physiotermin erscheint, ist eine Tapinganlage eher unsinnig.

Einem leicht klammen Fell bei Nieselwetter kann man hervorragend mit Babypuder und Mikrofasertuch entgegenwirken. Das Gleiche gilt bei sehr hohem Hautfettgehalt, wenn z. B. regelmäßig Öle gefüttert werden. Das Babypuder nimmt die Restfeuchte bzw. die Öligkeit aus dem Fell und mit dem Mikrofasertuch entfernt man danach das überschüssige Babypuder.

- **Keinerlei Glanz- oder Fellpflegesprays.**

Glanz- und Fellpflegesprays enthalten Silikone, die die Haarstruktur glätten. Bei den meisten Produkten ist dies so stark ausgeprägt, dass das Fell einfach zu glatt ist und das Tape keinen „Grip" hat und regelrecht abperlt. Ähnlich verhält es sich auch, wenn der Hund frisch gewaschen ist und dabei shampooniert wurde. Auch das glättet die Fellstruktur und macht das Tapen schwierig.

Vorbereitung des Tapes:

- **Lagerung**

Größere Mengen kinesiologischen Tapes sollten bei Raumtemperatur trocken gelagert werden. Was man aktuell an Material benötigt, kann aber unbedenklich ein paar Tage im Auto bleiben – auch bei Hitze oder Kälte. Für ein paar Tage macht es dem Tape nichts aus.

- **Schere**

Das Tape wird individuell bei jedem Tier befundorientiert abgemessen und zurechtgeschnitten. Dabei bitte darauf achten, dass man nicht mit der Tapingschere direkt vor dem Hund herumhantiert, da diese Scheren extrem scharf sind. Falls der Hund plötzlich aufspringt, weil der Paketbote an der Tür geklingelt hat, möchte man den Vierbeiner nicht aus Versehen mit der Schere verletzen. Beim Schneiden gilt es natürlich immer auch, auf die eigenen Finger zu achten!

- **Vordehnung**

Bitte immer beachten: Kinesiologisches Tape ist bereits mit 10 % Vordehnung auf der Trägerfolie aufgebracht. Diese Spannung ist für die meisten Tapinganlagen bei Tieren ausreichend. Bei spannungsfreien Enden, Ankern oder auch beim Propriozeptionstape (s. S. 35) werden noch nicht einmal diese 10 % Vordehnung benötigt. In diesem Fall einfach die Trägerfolie vom Tape abziehen, das Tape zieht sich dann automatisch auf null Spannung zusammen und man kann es spannungsfrei aufbringen.

- **Zuschnitte**

Normalerweise kommt das Tape als einfacher Streifen von der Rolle. Je nach anatomischer Struktur und Befund muss man es passend zurechtschneiden. Die folgenden drei Tapezuschnitte sind die, die am häufigsten in der täglichen Praxis vorkommen.

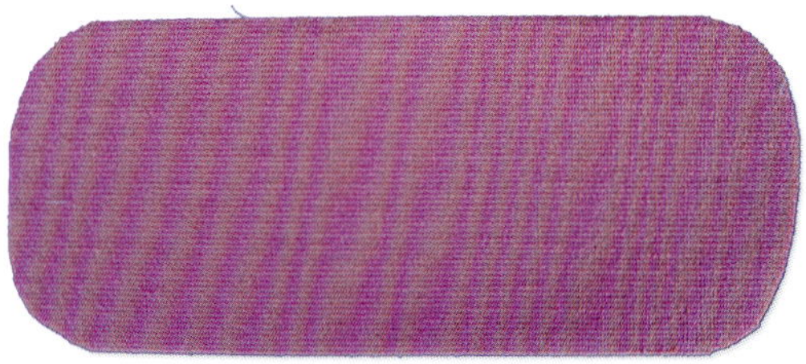

I-Tape: *Ein einfacher Tapestreifen, der an beiden Enden abgerundet ist.*

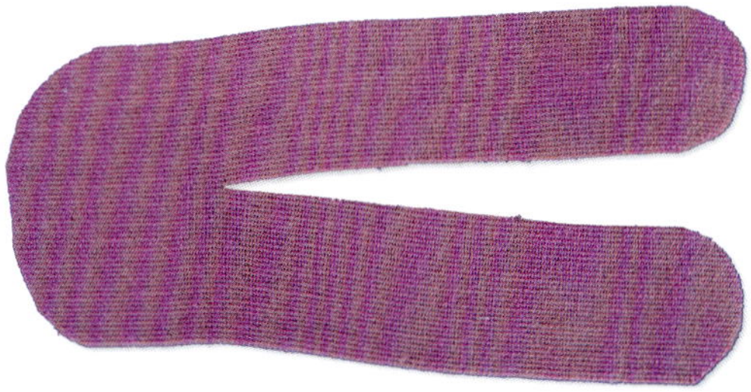

V- oder Y-Tape: *Der Zuschnitt hat eine geschlossene Tapebasis und zwei Tapefinger.*

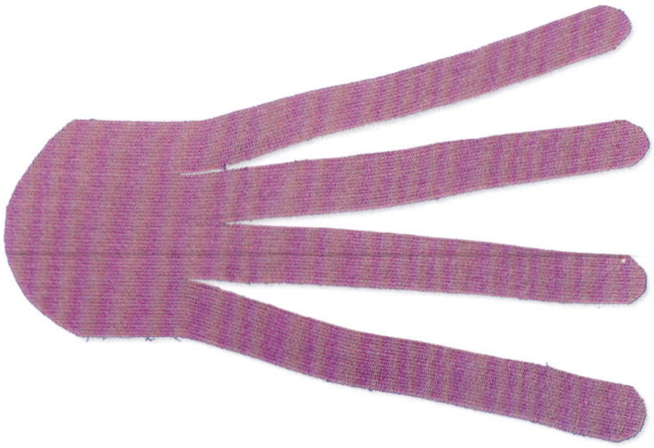

Fächertape: *Der Zuschnitt hat eine geschlossene Basis und multiple Tapefinger.*

Das **I-Tape** = ein einfacher gerader Tapestreifen, der an beiden Enden abgerundet ist.

Das **Y- (oder V-)Tape** hat eine geschlossene Basis und zwei Finger. Alle Enden sind abgerundet. Bei langer Basis sieht es aus wie ein „Y", bei kurzer Basis erscheint es eher wie ein „V" (wie hier im Bild).

Das **Fächertape** hat eine geschlossene Basis mit multiplen Fingern. Die Basis sowie die Fingerenden sind alle abgerundet.

Das Y-(V-)Tape sowie das Fächertape haben den Vorteil, dass man die Finger aufspreizen und damit mehr Oberfläche abdecken kann. Besonders das Fächertape ist für großflächige Befunde optimal geeignet.

Alle Enden der Tapestreifen werden rund geschnitten, um eine optimale Haftung zu erreichen. An spitzen Ecken reibt sich das Tape sonst nämlich deutlich schneller ab.

• **Handhabung**

Zum Freilegen des Tapes reißt man die Trägerfolie an der gewünschten Stelle mit einer gegenläufigen Drehbewegung (locker aus dem Handgelenk) ein und zieht es dabei leicht auseinander. Die Kleberfläche bitte nicht anfassen, um sie nicht zu verunreinigen und dadurch unbeabsichtigt die Klebekraft zu beeinträchtigen! Nicht immer hat man nach dem Streicheln oder Behandeln des Hundes saubere Finger …

Bei breiten Tapestreifen (5 cm Breite) sollte man die Tapestreifen beim Aufkleben mit flachen Fingern fassen, um einer ungleichmäßigen Spannung innerhalb des Tapestreifens und somit einer suboptimalen Wirkung entgegenzusteuern.

Beim Aufbringen des Tapes für eine gleichmäßige Dehnung auf flache Finger achten.

Die Anfangs- und Endbasis der Tapestreifen werden immer spannungsfrei aufgeklebt, da sie keinerlei Funktion für die eigentliche Tapinganlage haben. Im Gegenteil – sie dienen als Sicherung und Anker für den Wirkungsbereich in der Mitte des Tapestreifens. Dies wird bei den Tapingtechniken nochmal genauer erklärt. Zusätzlich kann man auch noch (spannungsfreie) Tapestreifen als Anker aufbringen, um die ganze Anlage zu sichern.

Der Acrylkleber des kinesiologischen Tapes wird durch Wärme aktiviert. Deshalb bitte nach dem Aufkleben gründlich über das Tape reiben, bis Reibungswärme entsteht und die eigenen Finger schön warm werden.

KINESIOLOGISCHES TAPE VERSUS GITTERTAPES

Auch Gittertapes kommen oftmals in den Fallbeispielen vor. Sie sind eine ideale Alternative für anatomisch schwierig zugängliche Bereiche oder kleinflächige Befunde und sehr kleine Hunde.

Im Gegensatz zu den Rollentapes sind Gittertapes nicht dehnbar, sondern arbeiten über eine spezifische statische Aufladung, mit der sie sich an der betroffenen Stelle an das Fell heranziehen.

Die Hautoberfläche und auch das Fell haben eine spezifische statische Aufladung. Im Fall einer Erkrankung oder eines Problems im Gewebe verändert sich dort die statische Aufladung an der Oberfläche. Da die Gittertapes ebenso eine statische Aufladung haben, ziehen sie sich aufgrund physikalischer Regeln von ganz allein an die gestörten Bereiche heran. Man kann das gut einmal am eigenen Körper ausprobieren!

Gittertapes und Rollentapes haben unterschiedliche Wirkweisen.

Auch haben Gittertapes ein spezielles Waffelmuster mit „Löchern". Dadurch ergibt sich ein kleiner Anhebe-Effekt, der aber aufgrund der Größe deutlich geringer ausfällt als bei kinesiologischem Tape. Zusätzlich kommt es zu Scherkräften zwischen den Gittertapes und dem Fell, was zu Mikromassagen führt.

Gittertapes lassen sich sehr einfach handhaben. Man zieht sie vorsichtig mit den Fingern oder eine Plastikpinzette von der Trägerfolie ab, dabei laden sie sich statisch auf. Niemals eine Metallpinzette verwenden, da diese die statische Aufladung stört! Nun führt man dieses Gitterpflaster in dem Bereich, in dem man eine Störung vermutet, ganz dicht am Fell entlang. Wie zuvor beschrieben, zieht sich das waffelförmige Pflaster aufgrund der Ladungsveränderung von alleine an den betroffenen Bereich heran.

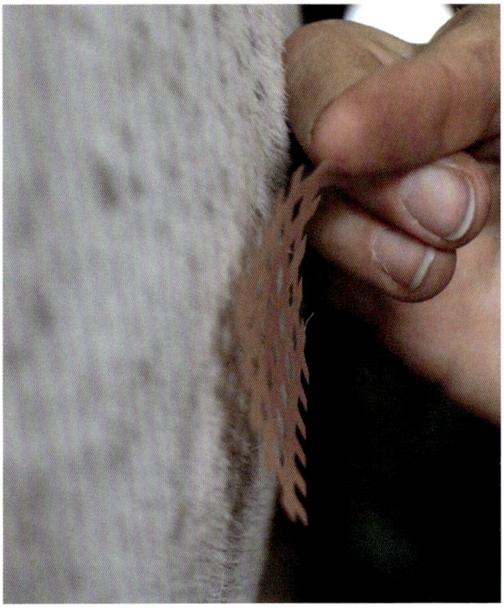

Gittertapes dicht am Fell entlang führen, damit sie die richtige Stelle finden können.

Hier ein kleiner Überblick zum Vergleich von Gittertapes und kinesiologischem Tape:

Gittertapes	Kinesiologisches Tape
Kleine waffelförmige Pflaster	Rollentapes
Baumwoll-Seiden-Gemisch	Baumwolle mit Elasthanfasern
Starr (kein Recoil)	Elastisch und dehnbar (Recoil)
Statische Aufladung	Keine statische Aufladung
Für punktuelle Probleme	Für großflächige Probleme
Einfache Handhabung	Erfordert Übung

Wer sich ausführlicher in das Thema einlesen möchte, kann dies mit meinem Buch „Gittertapes – die tollen Helfer in der Tiertherapie" tun. Da werden die Gittertapes ausführlich beschrieben und es beinhaltet auch viele Fallbeispiele.

FACHBEGRIFFE AUS DEM TAPING

Die folgenden Begriffe sind bisher zum Teil schon einige Male erwähnt worden, sollen hier aber noch einmal explizit erklärt werden, da sie im Folgenden immer wieder vorkommen und ihr korrektes Verständnis wichtig ist.

- **Anker**

Wenn man es genau nimmt, ist jede Anfangsbasis und jede Endbasis eines Tapestreifens ein Anker. Denn diese sichern den eigentlichen Wirkungsbereich in der Mitte. Enden und Anker werden immer spannungsfreu aufgebracht und unterstützen so eine bessere Haftung der Tapinganlage.

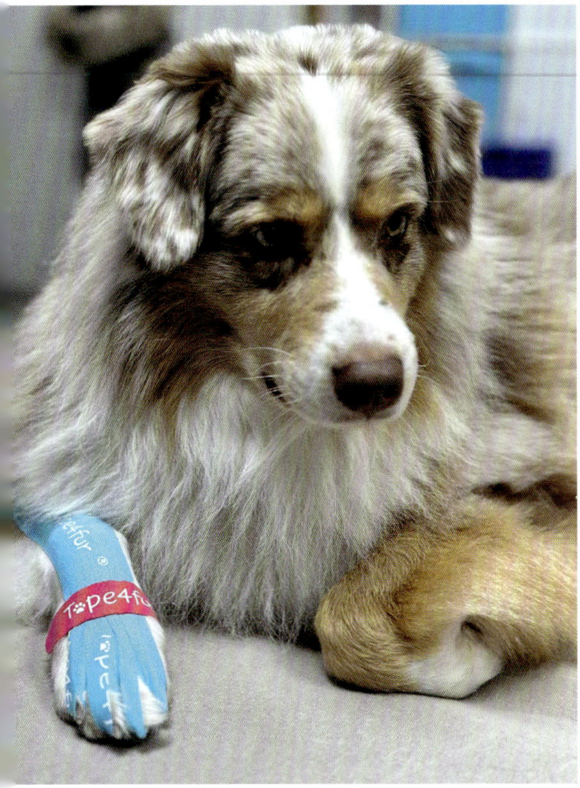

Verläuft ein Tapestreifen in einem Bereich mit erhöhtem Bewegungsradius und einer damit einhergehenden größeren mechanischen Belastung, wenn sich der Hund bewegt, sollte man die Tapinganlage noch mit zusätzlichen Ankern sichern. Besonders ratsam ist dies im Bereich der Beine sowie im Halsbereich.

Das Wichtigste an einem Anker ist, dass er immer komplett spannungsfrei geklebt wird. Also auch nicht mit der zehnprozentigen Vorspannung, mit der das Tape von der Trägerfolie kommt, sondern wirklich ganz ohne Spannung!

Warum ist das so wichtig? Der Anker dient nur zur Sicherung der eigentlichen Tapinganlage. Er soll diese nicht durch eine Eigenspannung stören oder beeinflussen.

Und ganz nebenbei: Man kann nie zu viel Anker kleben! Hier im Bild wurde zum Beispiel im Bereich der Pfote ein pinkfarbener spannungsfreier Queranker gesetzt, um die Tapinganlage im Bereich erhöhter Bewegung zu sichern.

Der pinke Tapestreifen dient als Anker für das Sehnen- und Zehentape.

• **Back-up**

Das Back-up könnte man mit „zurückschieben" übersetzen. Ein Back-up beim Taping findet immer dann statt, wenn man die spannungsfreien Enden der Tapestreifen auf dem Fell aufbringt, und zwar an Anfang und Ende des Streifens gleichermaßen.

Klebt man einen Streifen kinesiologisches Tape entlang der Fellrichtung mit der End-to-End-Technik auf, appliziert man den Beginn des Tapestreifens ohne irgendeinen Zug und schiebt gleichzeitig mit der Handfläche oder flachen Fingern dieses Stück Tape leicht entgegen der Fellrichtung zurück (Back-up). Dies verstärkt nochmals den Effekt des dehnungs- und spannungsfreien Beginns der Anlage. Genauso wird beim Ende des Tapestreifens verfahren. Die Anlage wird bis auf die letzten ca. 2 – 3 cm mit der gewünschten Dehnung aufgeklebt. Aus dem letzten Ende nimmt man dann wieder jede Vordehnung raus und schiebt es wieder leicht gegen die Fellrichtung zurück (Back-up). Hier im Bild verdeutlicht der gelbe Pfeil dieses Zurückschieben bei der Endbasis (auch sekundäre Basis genannt) des Tapestreifens.

Bei einer Applikation, in der das kinesiologische Tape mit der Inside-Out-Technik aufgeklebt wird, werden ebenfalls beide Enden des Tapes ohne Spannung appliziert. Das Back-up erfolgt jedoch hier zum Zentrum des Tapestreifens.

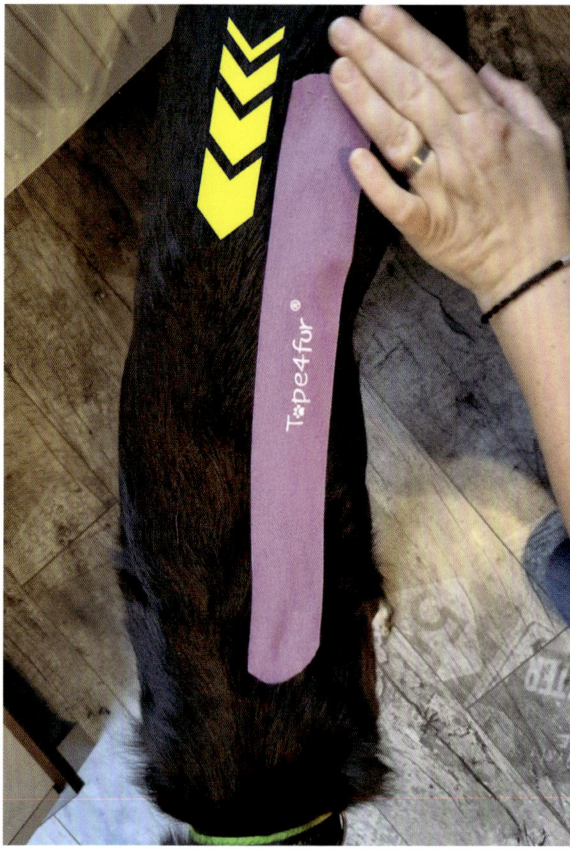

Damit die Tapeenden spannungsfrei sind, schiebt man sie noch ein bisschen zurück.

• **Off-Paper-Stretch:**

Immer wenn man das Tape direkt mit dem Abziehen der Trägerfolie aufbringt, nutzt man den Off-Paper-Stretch. In der Produktion wird das Tape bereits mit 10 % Vordehnung auf die Trägerfolie aufgebracht. Genau diese 10 % nutzt man, wenn das Tape wieder von der Trägerfolie herunterkommt.

- **Recoil:**

Übersetzt heißt Recoil so viel wie Rückstoß oder zurückschrecken. Beides beschreibt den „Recoil-Effekt" im Taping aber nicht besonders treffend.

Kinesiologisches Tape ist elastisch und dehnbar und wird mit einer bestimmten Dehnung auf den Patienten aufgebracht. Alles, was gedehnt wird, hat das Bestreben, sich wieder zu seiner ungedehnten Ausgangsform zusammenzuziehen. Dieses Zusammenziehen nennt man im kinesiologischen Taping „Recoil". Über diesen Recoil-Effekt sollte man sich bei jeder Tapinganlage Gedanken machen: Was möchte man damit bewirken, in welche Richtung soll der Recoil gehen und in welche Richtung muss man dementsprechend tapen?

Als Beispiel nehmen wir ein Korrekturtape, wie man es bei Fehlstellungen von Gliedmaßen nutzt: Dabei wird immer zur Fehlstellung hin getapet. Das sekundäre Ende befindet sich also bei der Fehlstellung. Der Recoil des Tapes geht immer zur primären Basis und somit in die gewünschte Korrekturrichtung.

Ein weiteres Beispiel wäre ein Lymphtape: Um einen Abfluss gestauter Flüssigkeit zu unterstützen, tapet man immer zur Schwellung / zum Lymphstau hin.

Auch hier gilt: Der Recoil geht zur Anfangsbasis, die außerhalb der Schwellung liegt und somit weg von der Schwellung. Dadurch wird der gestauten Flüssigkeit eine Abflussrichtung vorgegeben.

Wichtig: Der Recoil geht bei der End-to-End-Technik immer zur Anfangsbasis (primären Basis). Bei der Inside-Out-Technik geht der Recoil zum Zentrum des Tapestreifens. Die Richtung des Recoil ist somit immer entgegen der eigentlichen Tapingrichtung!

KAPITEL 2

DIE TAPING-TECHNIKEN

Es gibt eigentlich nur zwei grundlegende Möglichkeiten, wie man Tape aufbringen kann: Die End-to-End-Technik oder die Inside-Out-Technik.

Bei beiden Varianten gibt es allerdings noch einige Untervarianten. Diese sind zum einen abhängig von dem Zuschnitt des Tapes (I-Tape oder Fächertape) und zum anderen auch von der gewünschten Wirkungsweise und der damit verbundenen Spannung. Und nicht alle Techniken funktionieren bei langhaarigen Hunden!

Alle Techniken werden in diesem Kapitel vorab und Schritt für Schritt erklärt. Deshalb empfiehlt es sich, die folgenden Seiten gründlich zu lesen und zu verinnerlichen, bevor es an die Krankheitsbilder geht, denn dort wird dann jeweils nur noch auf die Techniken Bezug genommen, ohne sie nochmals in aller Ausführlichkeit zu beschreiben.

Als Beispiel:

Bei Arthrose wird ein Sterntape geklebt. Für das Sterntape wird die Inside-Out-Technik genutzt.

Bei Spondylose und damit einhergehender verspannter Rückenmuskulatur wird ein Muskeltape mit der End-to-End-Technik geklebt.

Wie die Inside-Out-Technik bzw. die End-to-End-Technik aufgebracht wird, ist im Folgenden ausführlich erklärt. In den Fallbeispielen wird dann nur noch die Ausrichtung der jeweiligen Tapestreifen ergänzt.

Besonders wichtig sind bei jeder Technik der Recoil bzw. die Zugrichtung des Tapes (s. S. 25).

END-TO-END-TECHNIK

Bei der End-to-End-Technik werden die Tapestreifen, wie der Name schon sagt, von einem Ende zum anderen Ende aufgeklebt. Das bedeutet, dass man an einem Ende die primäre Basis (A), auch Anfangsbasis genannt, aufklebt. Dann den Wirkungsbereich (B) in die gewünschte Richtung appliziert und als letztes die sekundäre Basis oder Endbasis (C) anbringt. Die Anfangs- und Endbasen werden immer spannungsfrei und mit Back-up aufgebracht. Sie dienen nur als Anker für den Wirkungsbereich in der Mitte. Beim Backup schiebt man das Ende des Tapestreifens bewusst noch mal ein bisschen zurück, um ganz sicherzugehen, dass keine Spannung auf diesem Abschnitt ist.

Da das kinesiologische Tape sich bei der End-to-End-Technik immer zur primären Basis (A) hin zusammenzieht, ist also der Recoil bei dieser Technik immer in die entgegengesetzte Richtung zur eigentlichen Applikationsrichtung des Tapestreifens!

Beispiel: Man appliziert ein Muskeltape für den langen Rückenmuskel von der Schulter bis zum höchsten Punkt des Beckens. Die primäre Anfangsbasis (A) befindet sich in Höhe des Schulterblattes. Der Wirkungsbereich (B) verläuft dann über den Muskelbauch des langen Rückenmuskels, parallel zur Wirbelsäule. Die sekundäre Endbasis (C) befindet sich in Höhe des Sakrums, am höchsten Punkt des Beckens. Das kinesiologische Tape zieht sich mit seinem Recoil zur primären Basis (A) in Richtung Schulterblatt hin zusammen.

Die End-to-End-Technik wird unter anderem für das Muskeltaping, Sehnentaping, Knieschlingentaping und auch das Korrekturtaping genutzt.

Die folgenden sechs Techniken sind alle Untervarianten der End-to-End-Technik.

End-to-End-Technik mit der primären Basis A, dem Wirkungsbereich B und der sekundären Basis C.

Vibrationstechnik

Diese Technik ist eine Variante der End-to-End-Technik, die beim Taping von Faszien genutzt wird. Es wird also auch hierbei von einem Ende (primäre Basis) zum anderen Ende (sekundäre Basis) getapet. Die Ausrichtung erfolgt dabei immer in die Richtung, in die die Faszie gut verschieblich ist. Dadurch wird der Recoil in die Richtung gelenkt, die eingeschränkt ist und hilft dadurch, diese wieder zu mobilisieren.

Allerdings kommt noch ein weiterer Schritt beim Aufkleben des Wirkungsbereiches hinzu: Die Vibration. Nachdem man die primäre Basis spannungsfrei appliziert hat, wird der Wirkungsbereich ausgerichtet, auf leichte Spannung gebracht und dann unter Vibration aufgebracht. Dazu liegt die freie Hand auf dem Tapestreifen, fühlt durch das Tape hindurch in die Faszienschicht ein und bringt diese mit schneller und kurzer Frequenz zum Vibrieren. Die sekundäre Basis wird wie immer spannungsfrei und ohne Vibration appliziert.

Faszien sprechen generell sehr gut auf Vibration an und werden auch bei einer manuellen Faszientherapie damit stimuliert. Durch die Vibration entsteht kinetische Energie, und damit diese nicht ungebremst irgendwo im Gewebe arbeitet, legt man den Tapestreifen darüber, um sie im betroffenen Bereich besser zu bündeln.

Spannungstechnik

Auch dies ist eine Untervariante der End-to-End-Technik, die man beim Faszientaping nutzt. Die Ausrichtung erfolgt auch hier, wie bei der Vibrationstechnik in die Richtung, in die die Faszie frei und gut verschiebbar ist. Erst die primäre Basis aufbringen, dann den Wirkungsbereich und zum Abschluss die sekundäre Basis.

Und auch hier kommt eine Besonderheit bei der Applikation des Wirkungsbereiches hinzu: Nachdem man die spannungsfreie Basis aufgeklebt hat, wird der Tapestreifen auf mittelgradige Spannung gebracht und ca. 2 – 3 cm mit dieser Spannung aufgebracht. Danach hält man den Tapestreifen ganz locker, sodass er gerade nicht durchhängt, und klebt wieder 2 – 3 cm in diesem spannungsfreien Zustand auf. Danach wieder 2 – 3 cm mit mittelgradiger Spannung, dann wieder 2 – 3 cm ohne Spannung. Diese abwechselnde Spannungstechnik behält man bis zum Ende des Tapestreifens bei. Die sekundäre Basis wird dann wie immer spannungsfrei aufgeklebt.

Durch die vielen wechselnden Spannungsbereiche erhält die Faszie multiple Impulse in die eingeschränkte Richtung und wird dadurch stimuliert. Je kürzer die Abschnitte der Spannungsbereiche, desto mehr Impulse für die Faszie und desto effektiver die Spannungstechnik.

> **Wichtig:** Die Spannungstechnik funktioniert leider nur bei kurzhaarigen Hunden. Bei Hunden mit langem Fell würden sich die Spannungsunterschiede im Tape nicht so gut differenzieren lassen bzw. wären gar nicht existent, da sich das lange Fell im Bereich der Spannung einfach umdreht, um dadurch dem Zug des Tapes nachzugeben. Somit käme nicht genügend Spannung an der Haut und den Rezeptoren an.

Verwringungstechnik

Auch die Verwringungstechnik nutzt die End-to-End-Technik und wird beim Faszientaping angewendet.

Im Gegensatz zur Vibrationstechnik und der Spannungstechnik wird diese aber nicht entlang der faszialen Verklebung appliziert, sondern quer dazu.

Super effektiv ist diese Technik bei Verklebungen rund um die Sehnen. Man kann sie aber auch sehr gut bei großflächigeren Befunden, wie z. B. der thoraco-lumbalen Rückenfaszie oder der Kniefaszie nutzen.

Man benötigt dafür mehrere I-Tapes, am besten in zwei unterschiedlichen Farben.

Bei der Verwringungstechnik nutzt man gegenläufige Recoils der Tapestreifen.

Wenn man beim Beispiel der Sehne bleibt, wird das erste I-Tape mit der primären Basis außen am Bein angesetzt, dann mit leichtgradiger Spannung horizontal über die Beinvorderseite geklebt und die sekundäre Basis auf der Beininnenseite aufgebracht.

Der zweite Streifen (in der anderen Farbe) wird dann ein paar Zentimeter tiefer mit der gleichen Technik aufgeklebt, aber in die entgegengesetzte Richtung: von innen nach außen.

Der dritte dann wieder von außen nach innen und der vierte wieder von innen nach außen. Und so geht es weiter, bis der betroffene Bereich abgedeckt ist.

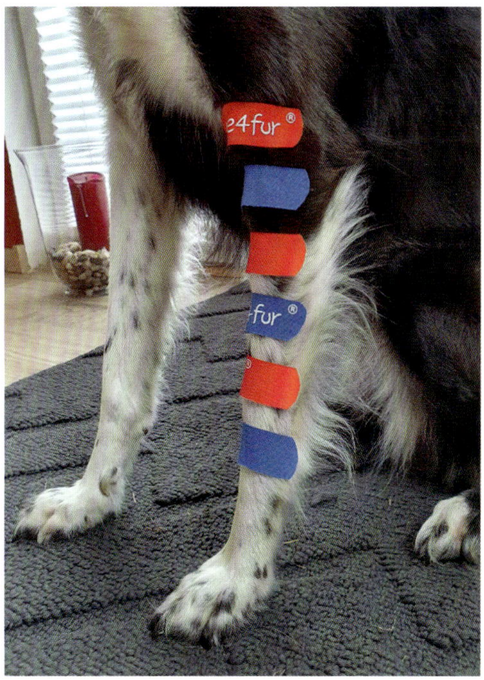

Durch die abwechselnde Richtung der Aufbringung der Tapestreifen entstehen auch abwechselnde Recoils: mal nach außen, mal nach innen. Dadurch ergeben sich Verwringungen in der Faszie, die Verklebungen lösen und Gewebe wieder mobilisieren können.

Wenn die Beugesehne betroffen ist, verfährt man entsprechend genauso, nur quer über die Beinrückseite. Allerdings empfiehlt es sich nicht bei Hunden mit langer Befederung an der Rückseite der Läufe.

Die beiden unterschiedlichen Farben dienen hierbei nur zur besseren Orientierung, damit man einfacher weiß, wann man von außen nach innen und wann von innen nach außen tapen muss.

Auch diese Technik eignet sich eher für Hunde mit kurzem Fell.

Fächertechnik

Wie der Name schon sagt, werden bei dieser Technik Fächertapes mit multiplen Fingern eingesetzt. Diese Technik kommt immer bei Lymph- oder Hämatomtapes zur Anwendung. Aber auch bei großflächigen faszialen Verklebungen sowie bei größeren oder breit auslaufenden Muskeln, wie zum Beispiel dem M. triceps, dem M. biceps femoris oder dem M. tensor fasciae latae empfiehlt sich die Nutzung der Fächertechnik, da man die Finger des Fächers dann schön über die gesamte Fläche der Faszien bzw. des Muskels verteilen kann.

Das Fächertape mit seiner geschlossenen Basis und den Fingern wird ebenfalls mit der End-to-End-Technik aufgeklebt. Dabei wird der geschlossene Teil als primäre Anfangsbasis zuerst aufgebracht und danach ein Finger nach dem anderen aufgeklebt.

Die Trägerfolie am Übergang von der primären Basis zu den einzelnen Fingern einreißen und umknicken, damit man die Folie besser fassen und die Finger schön nacheinander aufbringen kann. Die primäre Basis wird immer spannungsfrei aufgebracht. Dann nimmt man den ersten Finger und zieht entweder die Trägerfolie bis ans andere Ende komplett ab und bringt das Tape mit leichter Spannung auf oder man modelliert das Tape an, während man die Trägerfolie abzieht und nutzt damit die 10 %ige Vordehnung (auch Off-Paper-Stretch genannt). So verfährt man dann mit jedem einzelnen Finger, bis man alle Finger auf dem entsprechenden Befund / Gewebe verteilt hat. Die Enden der einzelnen Tapefinger werden als sekundäre Basen immer spannungsfrei appliziert.

Der Recoil des Tapes geht bei allen Fächertapes zur primären geschlossenen Basis, wie schon ursprünglich bei der End-to-End-Technik beschrieben.

Die Fächertechnik kommt immer bei großflächigen Befunden zum Einsatz.

Beim Fächertape wird die Trägerfolie an jedem einzelnen Finger eingerissen und umgeknickt.

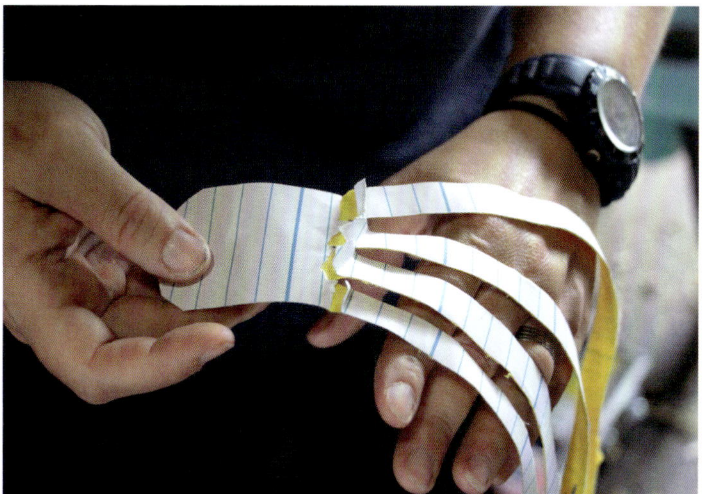

Zopftechnik

Die Zopftechnik ist eine Variante der Fächertechnik und bedient sich ebenfalls der End-to-End-Technik. Sie findet ihre Anwendung beim Faszientaping.

Bei dieser Untervariante der Fächertechnik benötigt man ein Fächertape mit drei Fingern. Wie bei der Fächertechnik beschrieben wird die Trägerfolie am Übergang von primärer Basis zu den drei Fingern eingerissen und umgeknickt. Die primäre Basis wird spannungsfrei appliziert. Dann nimmt man einen der äußeren Finger und während man die Trägerfolie abzieht, modelliert man diesen Finger mit dem Off-Paper-Stretch (10 %ige Vorspannung, mit dem das Tape von der Trägerfolie kommt) in einer großflächigen Wellenlinie entlang der verklebten Faszie auf. Die Ausrichtung erfolgt in die gut verschiebliche, mobile und frei bewegliche Richtung der Faszie. Somit geht der Recoil in die Richtung, in die die Faszie eingeschränkt ist und unterstützt damit deren Mobilisation.

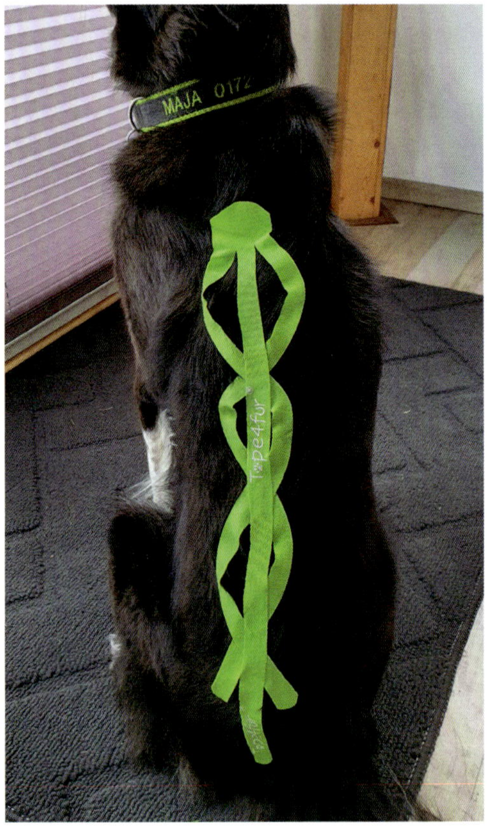

Die Zopftechnik zeichnet sich durch die Kreuzungspunkte der Tapefinger aus.

Als Nächstes nimmt man den anderen äußeren Finger des Fächertapes und klebt genau dieselbe Wellenlinie gegengleich auf, sodass sich die beiden Wellen an mehreren Stellen kreuzen. Zuletzt nimmt man den mittleren Tapestreifen des Fächertapes und führt ihn mit dem Off-Paper-Stretch gerade durch die zuvor entstandenen Kreuzungspunkte der äußeren Tapefinger hindurch, damit das besagte Zopfmuster entsteht. Die sekundären Enden der einzelnen Tapefinger werden spannungsfrei aufgeklebt.

Zum einen sollte man die Ausrichtung der Zopftechnik beachten, damit der Recoil des Tapes in die Richtung geht, in die die Faszie eingeschränkt und weniger mobil ist. Zum anderen sind hier aber die Kreuzungspunkte der Finger sehr wichtig: Je mehr Kreuzungspunkte man tapet, desto effektiver ist diese Technik! An den

Kreuzungspunkten kommt das Tape ja aus drei verschiedenen Richtungen zusammen und geht dann in drei verschiedene Richtungen weiter. Dadurch entstehen an diesen Punkten Verwringungen im Gewebe, die zusätzlich für das Lösen der Faszienverklebungen sorgen.

Propriozeptionstechnik

Auch dies ist eine Untervariante der Fächertechnik, die die End-to-End-Technik nutzt, aber: Diese Technik ist etwas ganz Besonderes!

Bei allen anderen Techniken wird das Tape mit einem bestimmten Maß an Spannung aufgebracht. Dadurch entsteht der Raumgewinn und der Anhebe-Effekt und man hat auch eine Zugrichtung in eine bestimmte Richtung.

Bei der Propriozeptionstechnik möchte man aber eben nur die Propriozeptoren stimulieren, da man damit ganz gezielt nur die Körperwahrnehmung ansprechen und verbessern möchte. Deshalb wird diese Technik *komplett spannungsfrei* geklebt! Das klingt ungewöhnlich, lässt sich aber leicht erklären: Wenn der Hund sich bewegt, entstehen minimale, feine Scherbewegungen zwischen dem Tape, dem Fell und den Haarwurzeln. Diese Scherkräfte sind so fein, dass sie eben *nur* die besagten Propriozeptoren für die Körperwahrnehmung ansprechen und diese dadurch stimulieren und verbessern. Das funktioniert natürlich nur, wenn Hunde mit einem Propriozeptionstape auch genügend Bewegung haben und nicht nur auf der Couch liegen und schlafen! Denn da es ja keinen Recoil und somit keine Zugrichtung hat, passiert bei dieser Tapinganlage beim Rumliegen auch rein gar nichts. Diese Technik ist nur effektiv und wirksam, wenn sich das Tier damit bewegt. Das heißt aber nicht, dass man jetzt ein extra Trainingsprogramm auffahren muss. Idealerweise geht man aber statt dreimal am Tag länger Gassi besser fünfmal kürzer und sorgt auch zwischendurch immer mal wieder für Bewegung.

Genutzt wird die Propriozeptionstechnik immer dann, wenn der Hund eine verminderte oder eingeschränkte Körperwahrnehmung hat, wenn es Asymmetrien in der Bewegung gibt, die nicht auf Blockaden zurückzuführen sind, oder einfach auch nur, wenn der Hund chronischer Zehenschleifer ist bzw. seine Pfoten nicht bewusst an- und abhebt.

Man benötigt für die Propriozeptionstechnik ein Fächertape mit einer *geraden* Anzahl von Fingern. Vier Tapefinger sind optimal. Auch hier wird die Trägerfolie zwischen der primären Basis und den einzelnen Fingern eingerissen und umgeknickt (siehe Fächertechnik). Die primäre Basis wird spannungsfrei aufgebracht. Dann nimmt man einen der äußeren Finger und zieht die Trägerfolie stückweise ab. Dabei hält man den Abschnitt vollkommen locker und spannungsfrei, um ihn dann spiralförmig und ohne

Spannung um das Bein herum in Richtung Pfote aufzubringen. Dann nimmt man den anderen äußeren Tapingfinger und bringt auch diesen genauso spannungsfrei in die entgegengesetzte Richtung spiralförmig auf. Die Finger überkreuzen sich dabei mehrfach. Nun verfährt man auch mit den inneren Tapefingern auf die gleiche Weise, nur jeweils ein Stückchen tiefer und parallel zu den äußeren Tapefingern.

Am Ende sollte die Gliedmaße von oben bis unten gleichmäßig mit den Fingern des Fächertapes umwickelt sein, damit sie auch gleichmäßig stimuliert wird. Es sieht dann ein bisschen so aus, als würde der Hund eine Netzstrumpfhose tragen.

Die Enden aller Tapefinger werden als sekundäre Basen ebenfalls spannungsfrei getapet.

Das Besondere an der Propriopzeptionstechnik ist, dass alles komplett spannungsfrei geklebt wird.

INSIDE-OUT-TECHNIK

Bis jetzt haben wir immer mit der End-to-End-Technik gearbeitet. Dies zwar auf unterschiedlichste Weise, aber immer wurde das Tape von einem Ende zum anderen Ende aufgebracht.

Nun kommen wir zur Inside-Out-Technik, bei der *immer* I-Tapes verwendet werden. Hierbei gibt es keine primäre Basis. Stattdessen wird die Trägerfolie mittig eingerissen und bis auf die letzten paar Zentimeter an beiden Enden entfernt. Dann fasst man mit jeder Hand ein Ende mit flachen Fingern und dehnt das Tape leicht von innen nach außen und bringt es so gleichmäßig auf den Hund auf. Wenn dieser Wirkungsbereich (B) auf dem Fell fixiert ist, kann man ein sekundäres Ende (C) nach dem anderen spannungsfrei und mit Back-up aufkleben. Beim Back-up schiebt man das Tape noch zusätzlich ein bisschen zum Zentrum des Tapestreifens zurück, um ganz sicherzugehen, dass das Ende wirklich spannungsfrei ist.

Durch die Dehnung des Tapestreifens von innen nach außen hat man keine primäre Basis und der Recoil des Tapes geht zum Zentrum des Tapestreifens und somit auch zum Zentrum des Befundes.

Genutzt wird die Inside-Out-Technik beim Dekompressionstape (auch Sterntape, Schmerzkreuz, Schmerztape oder Spacetape genannt), beim Narbentaping und wie im nächsten Abschnitt beschrieben, auch bei Stabilisierungstapes.

Stabilisierungstechnik

Das Stabilisierungstape ist eine Untervariante der Inside-Out-Technik. Die Aufbringung erfolgt eigentlich wie im Abschnitt zuvor beschrieben, aber mit einer kleinen Besonderheit.

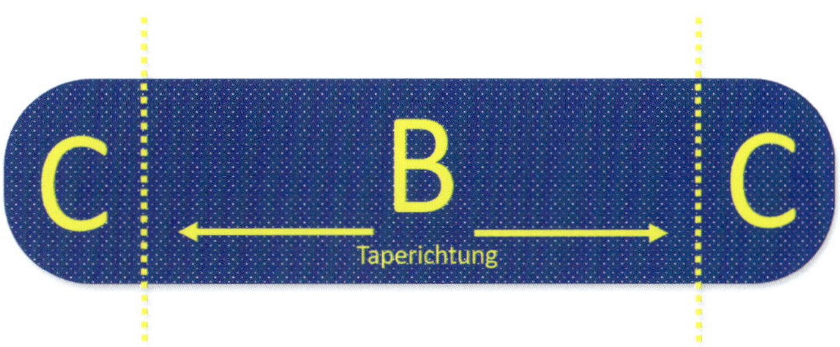

Inside-Out-Technik mit dem Wirkungsbereich B und den beiden sekundären Basen C.

Wenn man den Tapestreifen mit der Inside-Out-Technik aufbringt und dann den Mittelteil loslässt, um die Enden zu fixieren, setzt sofort der primäre Recoil ein. Bei der Stabilisierungstechnik möchte man aber diesen primären Recoil unterdrücken und verhindern. Die Spannung im Tapestreifen soll erhalten bleiben, denn diese „gehaltene" Spannung ist es, die dem Gewebe bzw. den Strukturen darunter die Stabilität gibt.

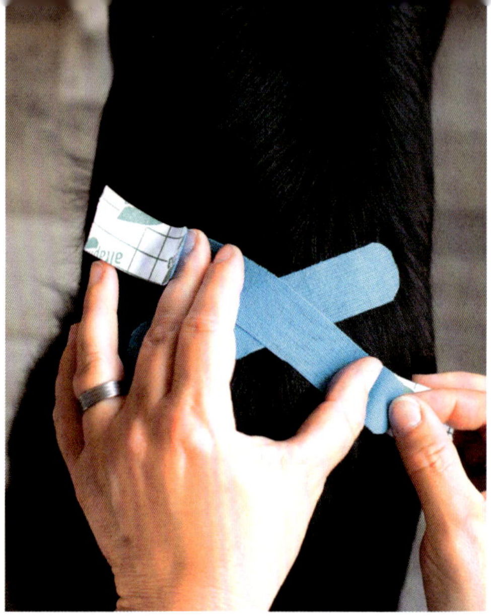

Bei der Stabilisierungstechnik wird der Wirkungsbereich fixiert und der Recoil unterdrückt.

Wie erreicht man das? Man fängt wie oben bei der Inside-Out-Technik beschrieben an: Trägerfolie in der Mitte einreißen, Folie an beiden Enden bis auf ein paar Zentimeter entfernen, mit flachen Fingern die Enden fassen, den Tapestreifen von innen nach außen dehnen und aufkleben.

Und jetzt kommt der entscheidende Unterschied! Bei der normalen Inside-Out-Technik kann man jetzt den Wirkungsbereich in der Mitte loslassen und sich mit den sekundären Enden beschäftigen. Bei der Stabilisierungstechnik lässt man diesen Mittelbereich nicht los bzw. man bittet einen Helfer (Partner oder Hundebesitzer), dass er den bereits aufgeklebten Mittelteil mit seinen Händen fixiert und festhält, oder fixiert ihn selber mit der freien Hand, wenn der Tapestreifen nicht zu groß ist (siehe Bild).

Durch diese Fixierung wird der primäre Recoil verhindert und die Spannung bleibt im Tape erhalten.

Während der Helfer also mit seinen Händen den Mittelbereich des Tapestreifens unter Spannung fixiert, kann man die Enden wie üblich spannungsfrei und mit Back-up aufkleben. Und wenn das alles fertig ist, darf auch der Helfer das Tape loslassen.

Hinweis: Diese Technik funktioniert nur bei kurzhaarigen Hunden! Wenn das Fell länger ist, wird es sich nach dem Loslassen des Mittelbereiches einfach in sich verdrehen bzw. umdrehen, um dem Recoil nachzugeben! Und dann hat man leider keinen stabilisierenden Effekt mehr. Wie schon anfangs beschrieben, ist Taping auf Fell nicht immer so ganz einfach und man stößt leider auch manchmal auf die Grenzen der Methode

Allgemeine Information:

Die Theorie und die Techniken sind hier alle relativ kurz und bündig erklärt. Dieses ganze Buch ist eher für den fortgeschrittenen Taper konzipiert, der es dann gezielt bei bestimmten Krankheitsbildern anwenden möchte.

Wer die ganze theoretische Einführung vielleicht doch lieber etwas ausführlicher und Schritt für Schritt erklärt haben möchte, dem empfehle ich dringend mein Buch „Kinesiologisches Taping für Hunde" (ebenfalls im Kynos Verlag erschienen). Dort sind die Techniken und Tapinganlagen Schritt für Schritt und mit vielen Bildern erklärt.

KAPITEL 3

KRANKHEITSBILDER UND INDIKATIONEN VON A BIS Z TAPEN

Bevor wir nun zu den Krankheitsbildern und Indikationen kommen, noch ein paar kleine Hinweise. Die hier aufgeführten Einträge beschreiben die häufigsten Probleme, die man im Umgang mit Hunden antrifft. Der Großteil der Hunde spricht auf die zusätzliche, unterstützende Behandlung mit kinesiologischem Tape sehr gut an. Aber: Jeder Hund ist anders! Manche sind sehr ängstlich oder sehr introvertiert und zeigen anfangs keine große Reaktion. Wieder andere können absolut stoisch sein. Davon darf man sich nicht irritieren lassen, auch, wenn man nicht sofort eine Veränderung wahrnimmt. Mitunter kann das auch schon mal ein bis zwei Tage dauern. Das Tape arbeitet ja für den Therapeuten nach, insofern muss man der Sache auch mal einen Moment Zeit geben und nicht nach fünf Minuten Wunder erwarten. (Obwohl auch das ehrlich gesagt sehr oft vorkommt!)

> **!** Kinesiologisches Tape ist eine unterstützende Behandlungsmethode und kein alleiniges Wundermittel.

Es muss auch klar gesagt werden, dass nicht jeder Hund auf die Tapinganlagen in gleichem Maße anspricht. Die meisten Hunde mit Rückenverspannungen reagieren zum Beispiel hervorragend auf Muskeltapes für die lange Rückmuskulatur. Aber es gibt auch Hunde, die da lieber ein Faszientape hätten. Insofern muss man auch mal unterschiedliche Tapinganlagen ausprobieren!

Die folgenden Tapinganlagen sind nach bestem Wissen und Gewissen von mir über die Jahre erarbeitet worden und zeigten sich als gute unterstützende Behandlungsmöglichkeiten. Es gibt bestimmt noch mehr und noch andere Tapinganlagen, aber die hier vorgestellten sind die, mit denen ich die besten Erfolge erzielt habe.

Ein wichtiger Hinweis noch bevor es mit dem Tapen nun wirklich losgeht: Am besten ist es, Hunde zu tapen, wenn diese dabei normal stehen. Zum einen braucht das Tier die Unterstützung ja im Stehen und Laufen und nicht beim Herumliegen. Zum anderen ist es für den Behandler auch in den meisten Fällen einfacher. Alternativ kann man den Hund auch flach auf die Seite legen. Aber bitte niemals tapen, wenn die Tiere zusammengeknäuelt im Körbchen liegen oder irgendwie schief im Halbsitz-Halbplatz sind. Dann verschieben sich die Strukturen unter der Haut und wenn das Tier dann aufsteht und losläuft, ist das Tape oftmals gar nicht da, wo man es gerne hätte bzw. der Hund es braucht!

Bei einigen Bildern haben wir Pfeile eingefügt, um die Tapinganlage verständlicher zu machen. Die Pfeilrichtung entspricht immer der Richtung, in der das kinesiologische Tape aufgebracht werden soll.

AKUPUNKTURPUNKTE

Akupunktur kommt aus der traditionellen chinesischen Medizin. Dort verläuft die Lebensenergie „Qi" im Körper über bestimmte Leitbahnen, die zwölf paarigen Meridiane. Diese befinden sich symmetrisch auf der linken und rechten Körperhälfte. Es gibt noch zwei unpaarige Meridiane auf der Bauchmittellinie und der Rückenmittellinie. Auf all diesen Meridianen befinden sich die Akupunkturpunkte – insgesamt gibt es 365 Stück.

Ist der Fluss der Lebensenergie „Qi" gestört, werden je nach Krankheitsbild bestimmte Akupunkturpunkte behandlungsbedürftig und dann akupunktiert, akupressiert oder mit dem Laser behandelt.

Im Anschluss daran kann man die betroffenen Punkte noch zusätzlich mit Tape behandeln. Wobei hier ganz klar gesagt werden muss, dass man dafür am besten Gittertapes nutzt. Akupunkturpunkte sind nicht besonders groß. Im Humanbereich sagt man, dass sie ungefähr den Wirkungsradius einer Zwei-Euro-Münze haben, beim Hund dürfte es noch weniger sein. Da dann mit Rollentapes zu arbeiten, wäre schon sehr mühsam und fummelig. Insofern sind die Gittertapes bei Akupunkturpunkten das Mittel der Wahl. Dazu wurden sie auch ursprünglich entwickelt.

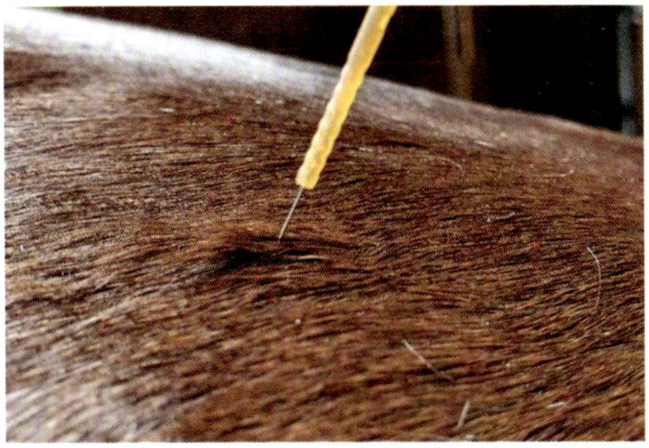

Gittertapes kann man gut zur weiteren Unterstützung nach der Akupunktur nutzen.

Gittertapes vorsichtig mit den Fingern oder einer Kunststoffpinzette von der Trägerfolie entfernen und in dem Bereich der jeweiligen Akupunkturpunkte, die unter den folgenden Krankheitsbildern oder Indikationen genannt werden, entlangführen. Entweder gezielt auf dem Punkt aufbringen oder in dem Bereich des Punktes, wo sie sich von alleine an das Fell heranziehen.

Es gibt spezielle Akupunkturpunkte, die besonders viel Einfluss auf eine Region, auf Körperteile oder eine Gewebeart haben und die man daher immer sehr gut mit vielen Tapinganlagen kombinieren kann.

Da wäre zum Beispiel der Akupunkturpunkt Yin Tang, der mittig auf der Stirn zwischen den Augenbrauen liegt. Er hat eine extrem beruhigende Wirkung und sorgt für inneren Ausgleich. Er wird in dem folgenden Abschnitt „Angst/Nervosität" ausführlich besprochen und findet auch noch bei anderen Krankheitsbildern Erwähnung.

Des weiteren gibt es noch die sogenannten Meisterpunkte, die vor allem für bestimmte Körperbereiche oder Gewebestrukturen zuständig sind. Ein Beispiel ist der Akupunkturpunkt Magen 36, der auch im Abschnitt „Vestibularsyndrom" ausführliche Erwähnung findet und der sich für alle Magen-Darm Probleme zur Unterstützung eignet, da er als Meisterpunkt des Gastrointestinaltraktes bezeichnet wird.

Auch für die Muskeln und Sehnen gibt es einen Meisterpunkt: Gallenblase 34. Dieser kann bei allen Sehnen und Muskelproblemen eingesetzt werden. Er befindet beidseits sich an der Außenseite des Unterschenkels in einer Vertiefung oberhalb des Fibulaköpfchens.

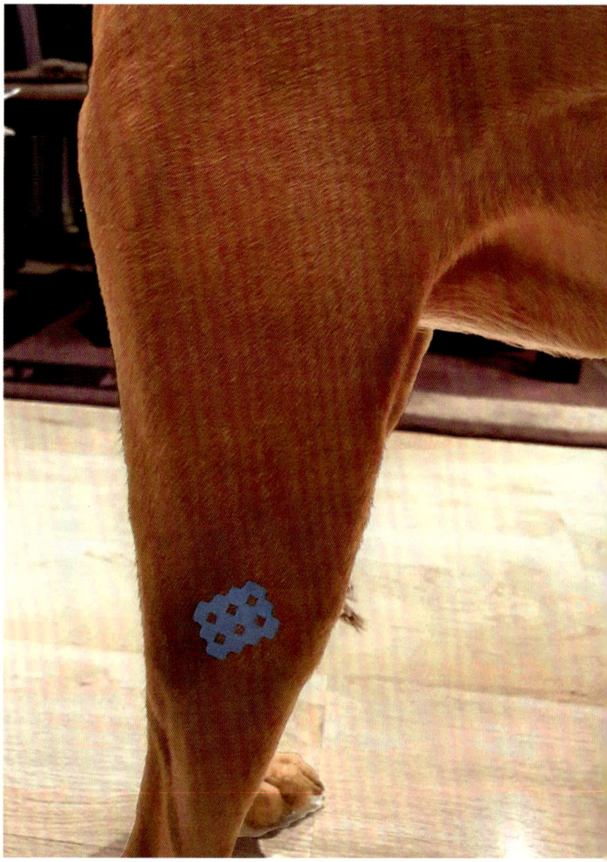

Gallenblase 34 ist der Meisterpunkt für Muskeln und Sehnen.

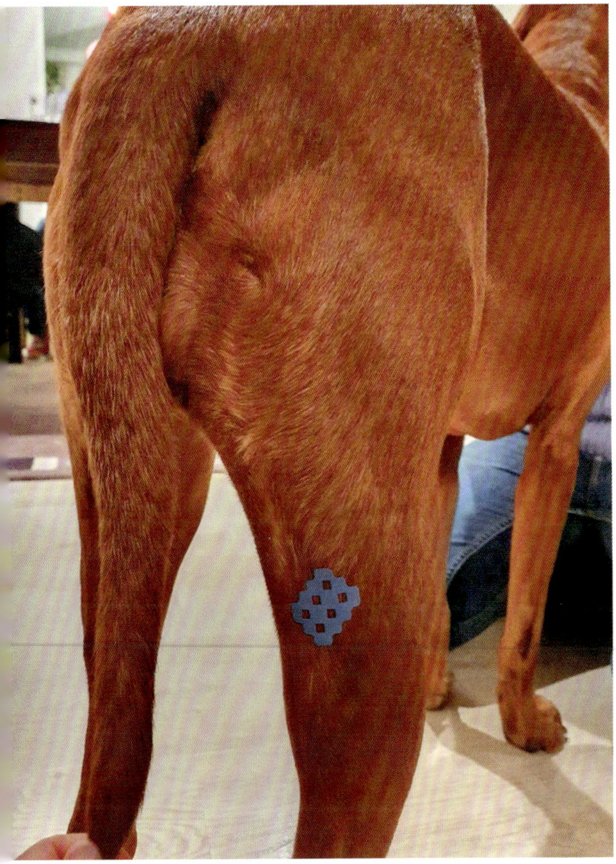

Blase 40 ist der Meisterpunkt für den Bewegungsapparat.

Ein weiterer Meisterpunkt ist Blase 11. Dieser wird erwähnt im Abschnitt „Arthrose“, da er der Meisterpunkt der Knochen ist.

Und dann gibt es noch den Meisterpunkt für den Bewegungsapparat allgemein: Blase 40. Dieser befindet sich beidseits auf der Beinrückseite der Hintergliedmaße, mittig in der Kniekehle und kann bei allen Problematiken rund um den Bewegungsappart unterstützend mit einem Gittertape beklebt werden.

ANGST / NERVOSITÄT

Viele Hundebesitzer kennen es: Der Hund hat an Silvester Angst wegen der Knallerei oder ist bei Veränderungen sehr nervös, eventuell auch beim Besuch des Tierarztes oder beim Hundefriseur.

Auch wenn man den auslösenden Faktor (Silvesterböller oder Tierarztbesuch) nicht vermeiden kann, so kann man dennoch unterstützend mit den Tapes arbeiten. Und zwar, wie schon im vorigen Abschnitt beschrieben, über Akupunkturpunkte.

Der wirksamste Punkt dafür ist der Akupunkturpunkt Yintang. Dieser Punkt ist bekannt dafür, dass er beruhigend wirkt, für inneren Ausgleich sorgt sowie Entspannung und innere Ruhe fördert.

Der Punkt liegt zentral auf der Stirn. Wenn man den Finger mittig zwischen den inneren Augenwinkeln aufsetzt und dann ein bisschen nach oben fährt, rutscht man in eine kleine Vertiefung. Dort befindet sich der Punkt Yintang.

Da der Bereich sehr klein ist, nutzt man hier besser die Gitterpflaster. Mit kinesiologischem Tape wäre es doch sehr mühselig.

Gittertape vorsichtig mit den Fingerspitzen oder einer Kunststoff-Pinzette von der Trägerfolie abziehen und direkt auf diesem Punkt aufbringen.

Der Akupunkturpunkt Yintang wirkt entspannend, beruhigend und ausgleichend.

Aus der Praxis:

- Jedes Jahr kurz vor Silvester poste ich diesen Tapingtipp in den sozialen Medien, und jedes Jahr bekomme ich an Neujahr von ganz vielen Hundebesitzern das Feedback, dass ihre Hunde mit dem Gittertape auf der Stirn zum ersten Mal weniger, bis keinen Stress mit der Knallerei um Mitternacht hatten.

- Eine befreundete Hundephysiotherapeutin betreibt gleichzeitig einen Hundesalon, und auch sie berichtet mir immer wieder, dass es viele Hunde gibt, die dabei richtig Stress haben – vor allem beim Föhnen. Mit Gittertapes auf dem Punkt Yintang sind die Hunde viel entspannter beim Frisieren.

- Eine Freundin von mir hat mit ihrem Rüden eine Bekannte besucht, deren Hündin läufig war. Natürlich war der Rüde total aufgedreht. Auch hier habe ich zu einem Gitterpflaster auf dem Yintang-Punkt geraten und innerhalb kürzester Zeit konnte sich der Rüde wieder entspannen, obwohl die läufige Hündin immer noch da war.

Da kann man immer wieder nur sagen: Kleine Gittertapes, große Wirkung!

ARTHROSE

Arthrose ist ein degenerativer Prozess, der alle Gelenke betreffen kann. In den meisten Fällen wird sie durch dauerhafte Fehlbelastung der Gelenke, Übergewicht oder auch genetische Disposition verursacht. In den betroffenen Gelenken kommt es aufgrund der vorgenannten Probleme zu einem Verschleiß und Verlust des Gelenkknorpels. Dieser Knorpel dient im Normalfall als Puffer des Gelenkes. Durch die Abnutzung dieses Knorpels geht die Pufferfunktion verloren und der darunterliegende Knochen wird immer stärker belastet. Wenn der Knorpel verschlissen ist, kommt es zu degenerativen und sehr schmerzhaften Veränderungen am ungeschützten Knochen.

Auch die beste Tapinganlage kann leider an der Arthrose nichts ändern oder diese rückgängig machen. Aber, neben einer gezielten physiotherapeutischen Behandlung, kann das kinesiologische Tape helfen, die Begleitbeschwerden wie Schmerzen zu lindern. Bei arthrotischen Geschehen größerer Gelenke ist das Sterntape die Tapinganlage der Wahl. Dabei werden vier gleich lange I-Tapes (mit abgerundeten Ecken) über dem betroffenen Areal zentriert aufgeklebt. Durch diese Überlagerung der Tapestreifen potenziert sich der Anhebe-Effekt – man hat dadurch einen sehr großen Raumgewinn im Gewebe und nimmt somit den Druck von den gereizten Bereichen. Außerdem erzielt man auch die größte Schmerzlinderung.

Alle vier I-Tapes werden mit der Inside-Out-Technik appliziert. Den ersten Streifen des Sterntapes mit mittelgradiger Spannung

Das Sterntape ist die beste Tapinganlage für arthrotische Geschehen.

am besten horizontal über dem betroffenen Areal aufkleben. Den zweiten mit leichtgradiger Spannung im rechten Winkel zum ersten Streifen aufkleben. Den dritten ebenfalls mit leichtgradiger Spannung schräg aufkleben und den vierten Tapestreifen so, dass er gerade noch gespannt ist, schräg in die entgegengesetzte Richtung tapen. Hier im Beispiel bei Hüftgelenksarthrose.

Je kleiner das betroffene Gelenk ist, desto schwieriger wird es natürlich, ein Sterntape aufzukleben. Da kommen dann wieder die Gittertapes als Alternative zum Zug.

Weitere, detaillierte Tapinganlagen für spezielle arthrotische Gelenke folgen im Verlauf des Buches.

Zusätzlich gibt es auch noch ein paar Akupunkturpunkte, die bei Arthrose oft genutzt werden und die man mit Gitterpflastern tapen kann. Die Punkte liegen auf beiden Körperseiten in identischer Lage vor und sollten am besten auch auf beiden Seiten mit einem Gitterpflaster behandelt werden.

Die Punkte „Blase 11" und „Lunge 7" eignen sich bei Arthrose.

Blase 11 (hier gelb):

Lage beim Hund: Beidseits in Höhe des ersten Brustwirbels, an der Oberkante des Schulterblattes.

Er beeinflusst Gelenke und Knochen und gilt als der Meisterpunkt der Knochen.

Lunge 7 (hier lila):

Lage beim Hund: beidseits an der Innenseite des Vorderbeines, oberhalb des Karpalgelenkes.

Er eliminiert „krankmachende" Faktoren aus dem Körper.

Gittertapes vorsichtig mit den Fingern oder einer Kunststoff-Pinzette von der Trägerfolie abziehen und direkt auf die Akupunkturpunkte aufkleben.

ATAXIE

Bei einer Ataxie liegt eine Störung des normalen Bewegungsablaufes bzw. der Körperhaltung des Hundes vor. Diese entstehen aber nicht durch Erkrankungen, sondern durch Störungen im Nervensystem, genauer gesagt in den Nervenbahnen. Dadurch werden Impulse vom Gehirn und Rückenmark zu den Muskeln fehlerhaft oder unzureichend weitergeleitet und verursachen Bewegungsbeeinträchtigungen und -störungen. Leider regenerieren sich Nerven nur sehr begrenzt und auch nur sehr, sehr langsam. Nervenfasern in den Extremitäten erholen sich zwar deutlich besser als die Nerven des Gehirns oder des Rückenmarks, aber auch hier ist die Regeneration mit maximal 1 mm pro Tag sehr gering.

Um die Körperwahrnehmung der Extremitäten und somit auch die Regeneration der Nervenzellen zu stimulieren, kann man unterstützend mit einem Propriozeptionstape arbeiten. Auch wenn das Tape dabei eine großartige Hilfe ist, kann es eine vollständige Heilung des Nervengewebes nicht gewährleisten.

Für das Propriozeptionstape benötigt man ein Fächertape mit einer geraden Anzahl an Fingern (am besten vier) und es wird mit der Propriozeptionstechnik komplett spannungsfrei aufgebracht. Beim Abmessen mittig in der Muskulatur des Vorderbeines / Hinterbeines beginnen, bis zum Boden und dann noch gut 5 – 10 cm Tape hinzufügen (bei kleinen Hunden reichen 5 cm, bei langbeinigen Hunden sollten es eher 10 cm sein). Dann aus dem langen Tapestreifen entsprechend die vier Finger schneiden und dabei ungefähr 2 – 3 cm für die primäre Basis übriglassen. Trägerfolie zwischen der Basis und den Fingern einreißen und umknicken, damit man das Tape beim Aufbringen besser fassen kann.

Die Basis wird wie abgemessen spannungsfrei mittig in der Muskulatur der betroffenen Gliedmaße aufgeklebt. Dann beginnt man mit einem der äußeren Finger, zieht nach und nach die Trägerfolie ab, lässt die 10 % Vordehnung raus und klebt das Tape spannungsfrei und spiralförmig um die Gliedmaße auf. Mit dem anderen äußeren Tapefinger verfährt man genauso, nur in die entgegengesetzte Richtung. Auch die inneren Tapefinger werden so aufgebracht, aber ca. 5 cm versetzt tiefer. Der innere, vordere Tapestreifen liegt also parallel zum äußeren, vorderen Tapestreifen und der innere, hintere Tapestreifen parallel zum äußeren, hinteren Tapestreifen.

Die Enden der Finger werden wie üblich spannungsfrei appliziert und sollten am besten mit einem spannungsfreien Anker gesichert werden, damit sie sich beim Gassigehen irgendwo verfangen und aus Versehen vorzeitig ablösen.

Wenn die Tapinganlage richtig angelegt wurde, sieht es am Ende so aus, als würde der Hund an der betroffenen Gliedmaße eine Netzstrumpfhose tragen.

Die Tapinganlage muss spannungsfrei sein und der Hund sollte viel und regelmäßig damit bewegt werden. Dadurch entstehen feine Scherkräfte zwischen Tape, Fell und Haarwurzeln, die die Propriozeption (Körperwahrnehmung) anregen. Ich empfehle lieber fünf mal am Tag kurz Gassi zu gehen als drei mal lang. Auch zwischendrin immer mal wieder den Hund im Haus oder Garten leicht zu bewegen ist hilfreich. Da die Tapinganlage spannungsfrei ist, regt sie das Gewebe eben nur in der Bewegung an und nicht, wenn der Hund still im Körbchen liegt und schläft!

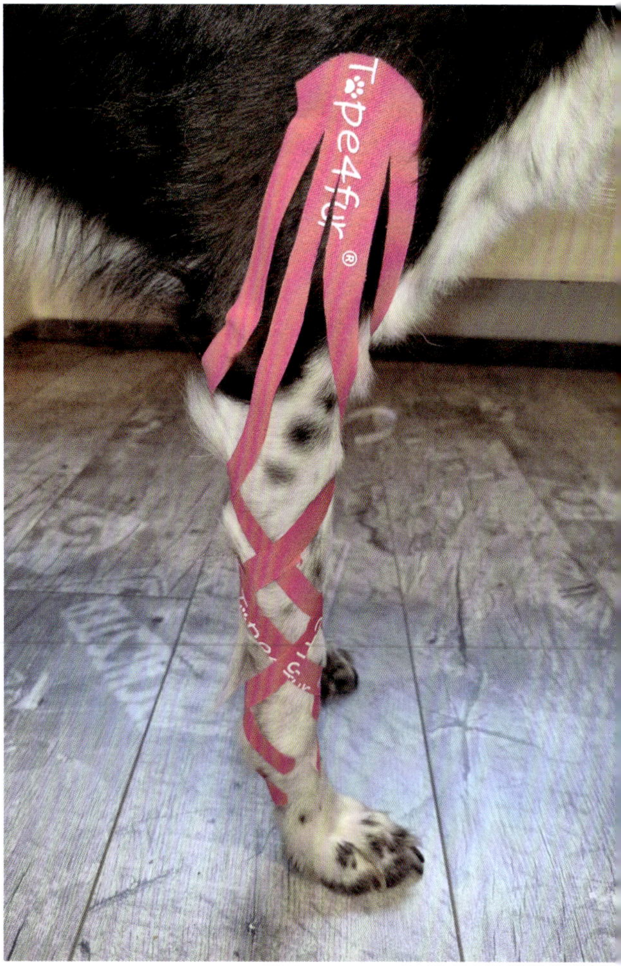

Propriozeptionstape bei Ataxie der rechten Vordergliedmaße

ATEMWEGSPROBLEME (HUSTEN, ZWINGERHUSTEN)

Bei allen Atemwegsproblemen ist Ursachenforschung ist selbstverständlich und bei infektiösen Auslösern vom Tierarzt medikamentös zu behandeln.

Zusätzlich zu den diversen Behandlungsmöglichkeiten kann man bei Husten und Atemwegsproblemen die Lunge unterstützend mit einem Dermatom-Tape für den Lungenbereich vom 1. bis 10. Brustwirbel ansprechen.

Dermatome sind oberflächliche Hautareale, die über Nervenverbindungen mit innenliegenden Organen verbunden sind. Stimuliert man also das Hautareal mit dem kinesiologischen Tape, wird darüber reflektorisch über die Nervenbahnen auch das gekoppelte Organ mitstimuliert. Das Hautareal findet sich auf beiden Seiten des Rumpfes und muss daher auch auf beiden Seiten getapet werden.

Für diese Tapinganlage benötigt man mehrere lange I-Tapes mit abgerundeten Ecken, die alle mit der End-to-End-Technik aufgeklebt werden.

Man fängt mit dem ersten Tapestreifen in Höhe des 1. Brustwirbels an. Ungefähr 2 – 3 cm von der Trägerfolie an einem Ende des Tapestreifens entfernen und diese primäre Basis spannungsfrei und mit Back-up mittig im Übergang zwischen Nacken- und Rückenmuskulatur aufbringen. Mit der Spannung, mit der das Tape von der Trägerfolie kommt, vor dem Schulterblatt bis zum Brustbein entlang tapen. Dort bringt man die sekundäre Basis spannungsfrei und mit Back-up auf.

Dann lässt man circa eine Tapebreite (2,5 cm) frei und klebt den nächsten Tapestreifen mit der Spannung, mit der es von der Trägerfolie kommt, gerade nach unten bis zur Bauchmittellinie. Dort die sekundäre Basis spannungsfrei tapen. Dann setzt man immer mit etwas Abstand die Tapestreifen mit der gleichen Technik parallel nebeneinander. Der letzte Tapestreifen wird in Höhe des 10. Brustwirbels aufgebracht. Je nach Größe des Tieres werden drei bis vier Tapestreifen auf einer Seite des Rumpfes aufgeklebt.

Um ein geschlossenes System über dem gesamten Dermatombereich zu erhalten, werden nun noch die primären Basen der senkrechten Streifen alle mit einem weiteren Tapestreifen verbunden. Auch dieser wird mit der End-to-End-Technik geklebt. Die primäre Basis wird am vordersten senkrechten Tapestreifen (oder kurz davor) spannungsfrei aufgebracht. Dann verläuft der Wirkungsbereich mit der Spannung, mit der das Tape von der Trägerfolie

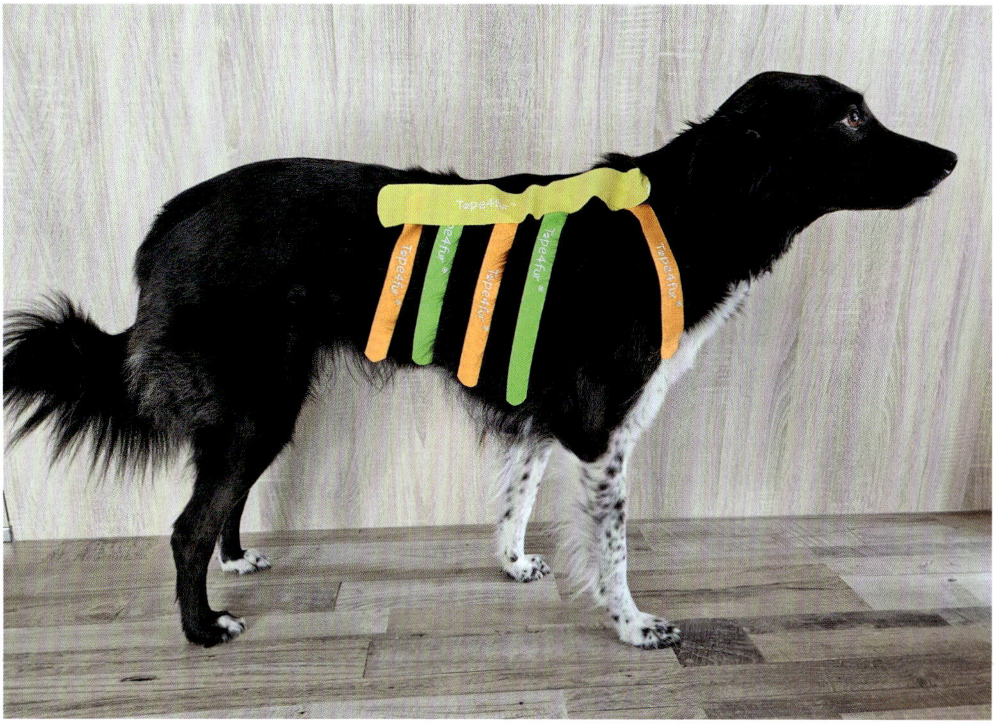

Tapinganlage des Lungendermatoms vom ersten bis zum 10. Brustwirbel

kommt, entlang der Rückenmuskulatur bis zum hintersten senkrechten Tapestreifen und deckt dabei alle primären Basen der senkrechten Tapes ab. Die sekundäre Basis wird nach dem letzten Tapestreifen dann wieder spannungsfrei und mit Back-up getapet.

Die ganze Tapinganlage wird auf der anderen Körperseite des Hundes genauso identisch geklebt.

ATROPHIERTE ODER SCHWACHE HINTERHANDMUSKULATUR

Der Hund ist schon älter und die Muskulatur baut langsam ab? Der Hund hat z. B. Hüftgelenksarthrose und deshalb Schmerzen und entlastet die hinteren Hintergliedmaßen? Man möchte mit einem fitten und aktiven Hund im Hundesport teilnehmen und deshalb die Muskulatur der Hintergliedmaßen gezielt im Training unterstützen und aktivieren?

Den meisten Hundebesitzern wird die eine oder andere Problematik bekannt vorkommen. Zur Aktivierung der Hinterhandmuskulatur kommen ganz klar anregende Muskeltapes zum Einsatz, um die Muskulatur zu unterstützen und zu mobilisieren.

Die wichtigsten Muskeln für die Aktivierung der Hinterhand sind der M. gluteus, der M. biceps femoris sowie die parallel verlaufenden Hinterbackenmuskeln M. semimembranosus und M. semitendinosus.

Man benötigt dafür pro Seite ein I-Tape und ein V-Tape mit abgerundeten Ecken, die beide mit der End-to-End-Technik aufgeklebt werden. Für alle vier Streifen gilt: Ungefähr 2 – 3 cm der Trägerfolie an einem Ende des Tapestreifens entfernen und diese Basis spannungsfrei tapen, Wirkungsbereich mit leichtgradiger Spannung und Endbasis wieder spannungsfrei aufkleben.

Glutealmuskulatur (M. gluteus) und Hinterbackenmuskulatur (M. semimembranosus und M. semitendinosus):

Diese beiden Muskeln kann man mit dem I-Tape in einem zusammen tapen. Ungefähr 2 – 3 cm von einem Ende die Trägerfolie entfernen und diese spannungsfrei im Lumbalbereich aufbringen. (Dies hätte hier im Bild noch gut eine Hand breit weiter vorne liegen können, hätte sich dann aber mit dem lila Tapestreifen auf dem Rücken gestört. Deshalb wurde hier ausnahmsweise etwas weiter hinten angesetzt.)

Dann mit leichtgradiger Spannung parallel zur Lendenwirbelsäule und dem Sakrum und entlang der Beinrückseite aufbringen. Die sekundäre Basis wird spannungsfrei im Bereich der Kniekehle geklebt. Da dort eine höhere mechanische Belastung für das Tape vorliegt, sollte man dieses sekundäre Ende am besten mit einem spannungsfreien Queranker sichern (hier im Bild in orange).

Zweiköpfiger Oberschenkelmuskel (M. biceps femoris):

Der M. biceps beginnt recht schmal im Bereich des Hüftgelenks und läuft dann breitflächig in die Kniefaszie aus. Deshalb nutzt man hier besser ein V-Tape. Die Trägerfolie zwischen der primären Basis und den beiden Fingern einreißen und umknicken, damit man sie besser fassen kann.

Die Anfangsbasis wird oberhalb des Hüftgelenkes spannungsfrei aufgebracht und darf ruhig auf dem anderen I-Tape aufliegen. Der Wirkungsbereich der beiden Tapefinger verläuft schräg vorwärts abwärts in Richtung Knie – dazu einen Tapestreifen oberhalb des Knies ausrichten und einen in Höhe des Knies oder leicht darunter. Beide Endbasen des V-Tapes werden spannungsfrei geklebt.

Um die Hinterhand gleichmäßig anzuregen, werden diese Muskeltapes beidseits angebracht.

Man muss diese beiden nicht unbedingt immer zusammen tapen. Man kann auch nur die Hinterbackenmuskulatur oder den Oberschenkelmuskel tapen. Um aber eine möglichst komplette Aktivierung der Muskulatur der Hintergliedmaße zu erreichen, ist es sinnvoll, die beiden Muskeln zu kombinieren und gleichzeitig zu tapen.

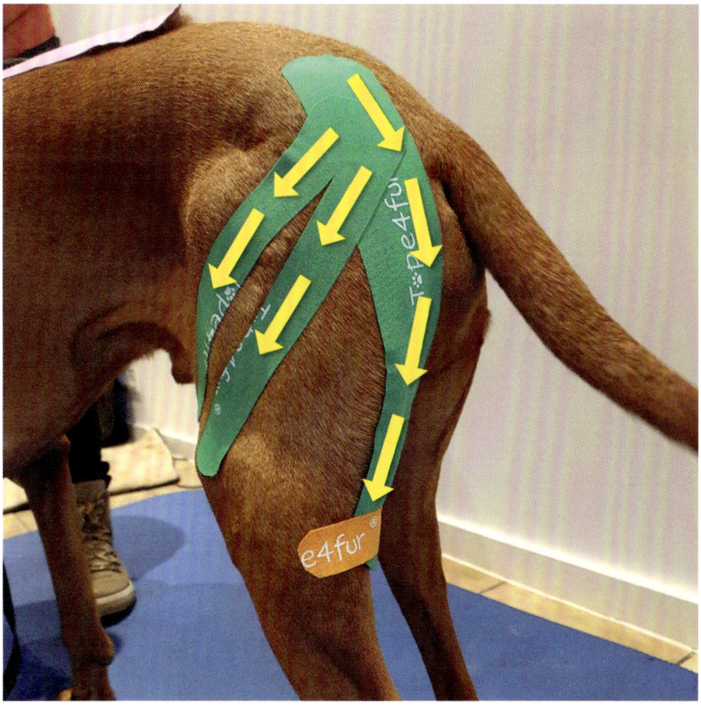

Aktivierende Muskeltapes bei schwacher Hintergliedmaßenmuskulatur

ATROPHIERTE ODER SCHWACHE RÜCKENMUSKULATUR

Ältere Hunde, die generell muskulär abbauen, neigen zu einer schwachen Rückenmuskulatur. Aber auch Hunde, die aus schlechter Haltung mit wenig Bewegung kommen, haben im Rücken muskuläre Defizite. Ebenso Zuchthündinnen, die schon etliche Würfe hinter sich haben, neigen zu schwacher Rückenmuskulatur.

Bei schwacher Rückenmuskulatur ist dies eigentlich immer ein beidseitiges Problem, deshalb wird der lange Rückenmuskel auch auf beiden Seiten getapet. Insofern benötigt man zwei I-Tapes mit abgerundeten Ecken, die beide mit der End-to-End-Technik aufgebracht werden. Bei großen Hunden empfiehlt sich dafür ein 5 cm breites Tape, um den Muskel optimal abzudecken. Bei kleinen, zierlichen Hunden reicht oftmals auch ein 2,5 cm schmales Tape.

Da der Rückenmuskel recht lang ist, sollte man ihn während des Tapens ein bisschen vordehnen. Das heißt, dass der Hund während des Aufklebens nach unten schauen sollte. Dazu kann man auch von einem Helfer mit einem Leckerli den Kopf nach unten locken lassen.

Begonnen wird am höchsten Punkt der Hinterhand. Ungefähr 2 – 3 cm der Trägerfolie an einem Ende des Tapestreifens entfernen und dort die primäre Basis seitlich der Rückenmittellinie spannungsfrei aufbringen. Der Wirkungsbereich des Tapestreifens wird mit leichtgradiger Spannung

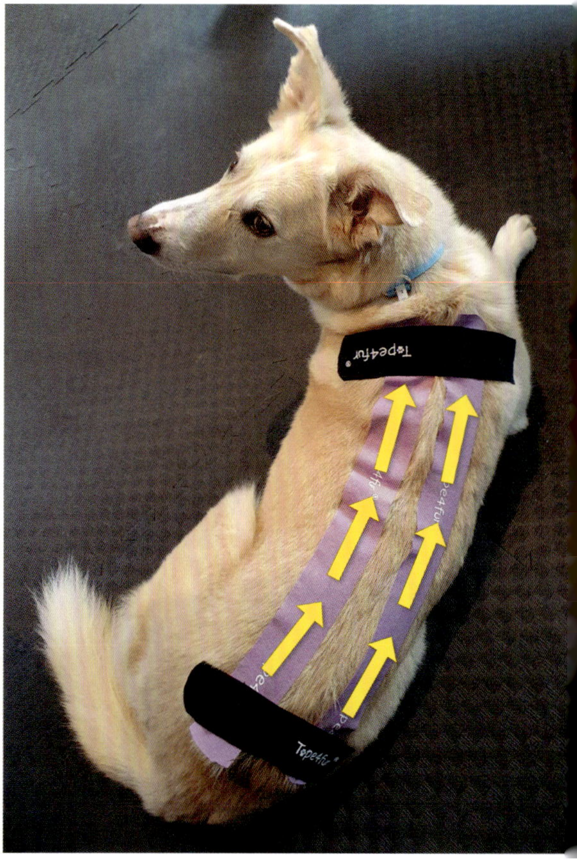

Aktivierende Muskeltapes bei schwacher Rückenmuskulatur

parallel zur Wirbelsäule getapet und die sekundäre Basis endet am Schulterblatt.

Auf der anderen Rückenseite wird dann entsprechend genauso verfahren und das Tape von der Kruppe in Richtung Schulterblatt parallel zur Wirbelsäule aufgebracht.

Im Bereich des Schultergürtels erfährt das Tape eine höhere mechanische Belastung, wenn der Hund zum Beispiel beim Gassigehen oder Fressen den Kopf auf und ab bewegt. Auch liegt hier das Halsband oder das Geschirr, was über das Tape reiben kann. Daher sollte man diesen Bereich der vorderen Enden der Tapestreifen mit einem komplett spannungsfreien Queranker sichern, um ein vorzeitiges Ablösen zu verhindern. Hier im Bild ist der Anker in Schwarz geklebt worden.

Auch an den hinteren Enden kann man einen Anker anbringen, wenn man möchte, aber hier ist die mechanische Belastung des Tapes nicht so groß und auch die Gefahr des Abreibens durch das Geschirr nicht gegeben.

Achtung: Da man den Tapestreifen entgegen der Fellrichtung aufbringt, kann man ihn schlecht direkt beim Aufkleben mit der freien Hand feststreichen. Dabei würde man gegen das Fell streichen und dieses eventuell hochschieben. Daher ist es ratsam, die Trägerfolie im Wirkungsbereich komplett vom Tape abzuziehen, das Tape nur noch an der sekundären Basis zu halten und diese am Nacken auszurichten. Nun kann man das Tape mit der freien Hand immer abschnittweise gefühlvoll gerade nach unten an das Fell herandrücken und schiebt nicht gegen das Fell.

AUGENENTZÜNDUNG (KONJUNKTIVITIS)

Kann man am Auge tapen? Ja, theoretisch schon. Aber die meisten Hunde, die dort ein Tape benötigen könnten, eben weil das Auge dick oder entzündet ist, sind davon wenig begeistert. Was auch verständlich ist – der Tierarzt möchte gerne genauer untersuchen und der Besitzer muss evtl. die Tropfen oder Salben verabreichen. Viele Hunde empfinden Berührungen am Kopf meist als unangenehm, sodass schon unter „normalen" Umständen ein Taping eine Herausforderung ist.

Eine tolle Alternative zum klassischen Kinesiologischen Tape sind in dem Fall Gittertapes. Sie sind einfach im Handling und schnell aufgeklebt, ohne dass man den Hund lange belästigen muss.

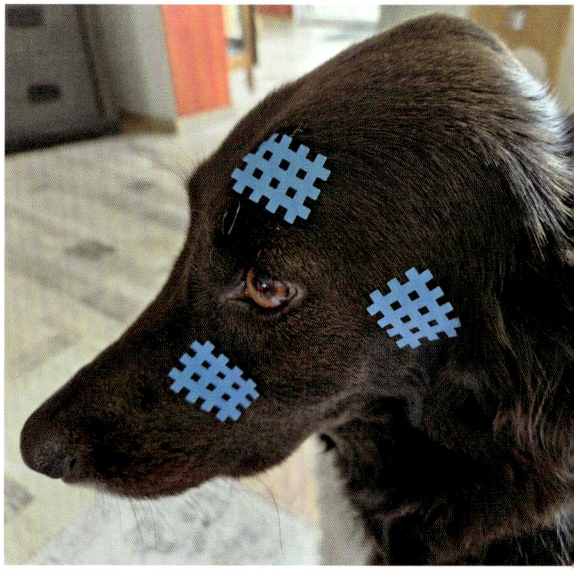

Gittertapes können auch bei Augenentzündung unterstützend geklebt werden.

Gittertapes vorsichtig mit den Fingern oder einer Kunststoffpinzette von der Trägerfolie abziehen, rund um das Auge entlangführen und überall da aufbringen, wo sie sich von alleine an das Fell heranziehen.

BAMBUSWIRBELSÄULE

Dieses Krankheitsbild hat seinen Namen aufgrund des spezifischen Aussehens des Befunds erhalten: Die Wirbelsäule sieht im Röntgen wie ein Bambusstamm aus.

Bei der Bambus-Wirbelsäule handelt es sich um eine Wirbelgelenksarthrose, die die ganze Wirbelsäule betreffen kann. Dabei bilden die betroffenen Wirbelkörper untereinander knöcherne Spangen und Brücken aus. Diese knöchernen Brücken bilden leichte Wulste, sodass das spezifische Röntgenbild des „Bambus" entsteht.

Des Weiteren kann es zu einer Verknöcherung der Bandscheiben kommen. Durch diese Prozesse versteift sich auch die Wirbelsäule und der Bewegungsradius wird deutlich eingeschränkt. Wie bei allen arthrotischen Geschehen kann man auch diese nicht rückgängig machen, sondern mit Hilfe des Tapes nur die Begleitbeschwerden lindern.

Zur Entlastung des Rückens wird eine Kombination aus Dekompressionstapes und Muskeltapes genutzt, die ein bisschen wie eine Strickleiter aussieht.

Dekompressionstapes:

Im Bereich der betroffenen Wirbelsegmente benötigt man mehrere kurze I-Tapes mit abgerundeten Ecken. Diese werden alle mit der Inside-Out-Technik aufgebracht. Trägerfolie mittig einreißen, Tapestreifen von innen nach außen leichtgradig

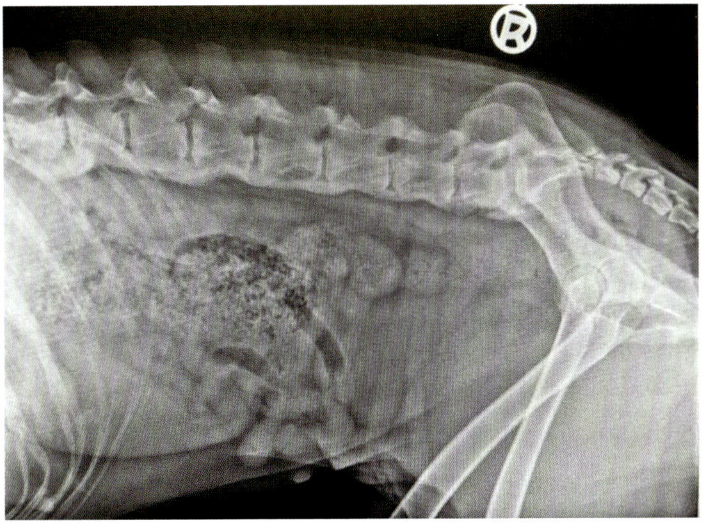

Röntgenbild einer Bambuswirbelsäule mit den typischen knöchernen Brücken

dehnen und direkt über dem betroffenen Wirbel von oben auf den Rücken aufbringen. Die Enden werden rechts und links der Wirbelsäule in der Rückenmuskulatur spannungsfrei und mit Back-up aufgebracht. Je nachdem, wie ausgeprägt der Befund ist und wie viele Segmente betroffen sind, werden mehrere Tapestreifen mit dieser Technik parallel nebeneinander über der Wirbelsäule aufgebracht.

Muskeltape:

Da die Muskulatur in den meisten Fällen dabei stark verspannt ist, wird hier noch zusätzlich ein entspannendes Muskeltape aufgebracht. Dafür benötigt man zwei I-Tapes mit abgerundeten Ecken, die mit der End-to-End-Technik aufgeklebt werden.

Beim Anbringen des Muskeltapes sollte der lange Rückenmuskel so gut es geht vorgedehnt werden. Dazu den Kopf des Hundes nach unten zum Boden bringen (am besten mit einem Leckerli nach unten locken) und in der Position lassen, bis beide Tapestreifen aufgebracht sind.

Trägerfolie an einem Ende des ersten Tapestreifens entfernen und diese primäre Basis spannungsfrei in Höhe des Schulterblattes neben der Wirbelsäule aufbringen. Den Wirkungsbereich mit leichtgradiger Spannung im Verlauf des langen Rückenmuskels parallel zur Wirbelsäule tapen und

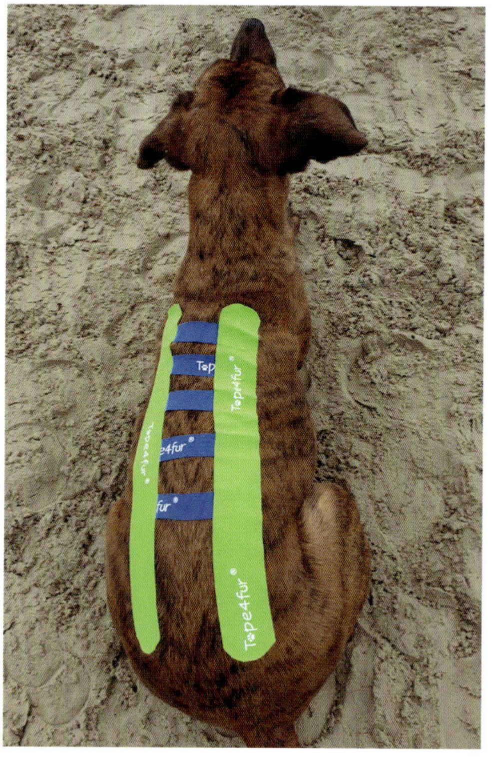

Kombination von Dekompressionstapes und Muskeltape bei Bambuswirbelsäule

das sekundäre Ende wieder spannungsfrei und mit Back-up am höchsten Punkt der Hinterhand anbringen. Der zweite Tapestreifen wird identisch auf der gegenüberliegenden Rückenseite geklebt.

Da es sich um ein arthrotisches Geschehen handelt, empfiehlt es sich, zusätzlich die Akupunkturpunkte Blase 11 und Lunge 7 zu kleben (siehe dazu den Abschnitt „Arthrose").

BANDSCHEIBENVORFALL

Zwischen den Wirbelkörpern der Wirbelsäule liegen zur Pufferung und Dämpfung die gallertartigen Bandscheiben. Bei einem Bandscheibenvorfall wird Gewebe der Bandscheibe zwischen den Wirbelkörpern immer mehr nach außen gedrückt. Beschwerden und Schmerzen treten dann auf, wenn die vorgewölbte Bandscheibe bzw. ausgetretenes Gewebe auf eine Nervenwurzel oder einen Nerv drücken oder gar in den Spinalkanal hineinragen.

Im schlimmsten Fall kann es aufgrund der Nervenkompression zu Lähmungserscheinungen in den Gliedmaßen kommen. Spätestens dann ist eine operative Behandlung durch den Tierarzt auf jeden Fall anzuraten.

Präventiv zur Operation kann man den Schmerzen am besten mit einem Sterntape begegnen, da dies aufgrund der Überlagerung von vier Tapestreifen auf dem betroffenen Areal die größte schmerzlindernde Wirkung hat.

Man benötigt dafür vier I-Tapes mit abgerundeten Ecken, die alle mit der Inside-Out-Technik appliziert werden. Den ersten Streifen des Sterntapes mittig einreißen, von innen nach außen dehnen und mit mittelgradiger Spannung am besten quer zum betroffenen Wirbelsegment aufkleben. Den zweiten mit leichtgradiger Spannung entlang der Wirbelsäule, im rechten Winkel zum ersten Streifen, aufkleben, sodass ein „+" entsteht. Den dritten ebenfalls mit leichtgradiger Spannung schräg zwischen die ersten beiden Streifen aufkleben und den vierten Tapestreifen, sodass er gerade noch gespannt ist, schräg in die entgegengesetzte Richtung zum dritten tapen. Die Enden bei allen vier Tapestreifen werden spannungsfrei geklebt.

Sterntape bei Bandscheibenvorfall

Sollte zusätzlich zum Bandscheibenvorfall auch eine Verkippung der Wirbel gegeneinander vorliegen, wäre ein Stabilisierungstape die bessere Tapinganlage. Wie dieses geklebt wird, wird im Abschnitt „Cauda-Equina-Syndrom" ausführlich erklärt.

Nach dem operativen Eingriff kann man ein Narbentape nutzen. Dies allerdings erst, wenn die Wunde von außen komplett geschlossen ist und alle Fäden oder Ähnliches vom Tierarzt entfernt worden sind. Die Beschreibung eines Narbentapes findet man im entsprechenden Abschnitt. Wenn die Narbe gut verheilt ist, kann man später zur Nachsorge auch nochmals auf ein Sterntape zurückgreifen.

BIZEPSSEHNENVERLETZUNG

Eine der häufigsten Sehnenverletzungen, die es beim Hund gibt, ist eine Zerrung oder ein Riss der Bizepssehne der Vordergliedmaße. Zumindest ist das in meiner Praxis so. Es gibt immer wieder Hunde, die beim Spielen zu wild herumgetobt haben oder mit der Vorderpfote in ein Loch getreten sind und ruckzuck humpelt der Hund und die Bizepssehne ist gezerrt. Im schlimmsten Fall kann es aber auch ein Bizepssehnenanriss sein.

Zur Regeneration der Sehne und für mehr Halt und Stabilität nutzt man hier eine Kombination aus Muskeltape und Sehnentape. Da die muskulären Fasern und sehnigen Fasern beim Hund relativ fließend ineinander übergehen, kann man meistens nicht so genau differenzieren, wo der sehnige Bereich anfängt und der muskuläre Bereich aufhört und umgekehrt. Gerade bei eher kurzbeinigen Hunden (Dackel!) wird das extrem schwierig. Deshalb erfasst man die Sehne und den Muskel gemeinsam. Da sie ja zusammengehören, schadet es ja auch gar nichts, wenn man den muskulären Anteil des Bizepses mittapet.

Die Tapinganlage eignet sich auch für Hunde in der Reha-Phase, die aufgrund der Schwere der Verletzung vom Tierarzt an der Bizepssehne operiert werden mussten. Dabei aber bitte abwarten, bis die OP-Narbe von außen vollständig verheilt ist.

Man benötigt für das Muskelsehnentape ein einfaches I-Tape, welches oben und unten abgerundet ist und mit der End-to-End-Technik aufgebracht wird.

Da die Zerrung / Verletzung / der Riss durch die Überdehnung der Sehne entsteht und man dieser entgegenwirken möchte, wird das Tape immer von oberhalb des

Schultergelenkes in Richtung Pfote auf der Beinvorderseite aufgebracht. Dadurch geht der Recoil zur primären Basis und unterstützt die Kontraktionsfähigkeit des Muskels und der Sehne.

Ungefähr 2 – 3 cm der Trägerfolie an einem Ende des Tapestreifens entfernen und diese primäre Basis spannungsfrei oberhalb des Schultergelenkes aufbringen. Der Wirkungsbereich wird mit der Spannung, mit der das Tape von der Trägerfolie kommt, entlang des Muskel-Sehnen-Verlaufs auf der Beinvorderseite gerade nach unten in Richtung Pfote geklebt. Das sekundäre Ende sollte spannungsfrei getapet werden und in Höhe des Karpalgelenkes liegen.

Da der Bereich aufgrund der Gelenke einen relativ großen Bewegungsradius hat und das Tape somit einer höheren mechanischen Belastung unterliegt, wenn der Hund damit herumläuft, sollte man das Muskel-Sehnen-Tape mit mehreren spannungsfreien Querankern sichern. In dem Fall kann man wirklich sagen: Viele Anker helfen viel! Hier im Bild wurden drei schwarze Queranker geklebt.

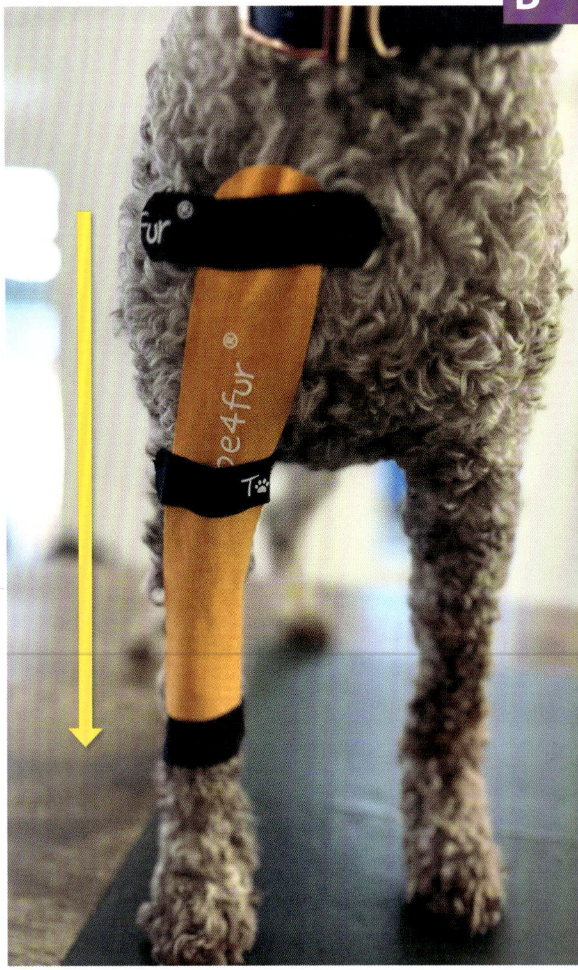

Sehnentape der Bizepssehne mit multiplen Querankern

BLUTOHR

Bei einem Blutohr (auch Othämatom genannt) handelt es sich um ein Hämatom im Ohr. Dieser Bluterguss entsteht durch die Verletzung der Blutgefäße im Ohr oder des Ohrknorpels. Das Blut läuft dann zwischen Haut und Knorpel zusammen und bildet meistens eine umfangreiche Schwellung, die das ganze Ohr ausfüllen und auch den Gehörgang blockieren kann. Das Ganze ist für den Hund recht schmerzhaft, weshalb es oftmals zu einer Kopfschiefhaltung, vermehrtem Kopfschütteln und Kratzen am Ohr kommt. Dies verschlimmert die Situation noch weiter.

Ursachen für die Verletzung können vermehrtes Kratzen aufgrund einer Ohrinfektion sein oder auch Grannen im Ohr. Aber auch Quetschungen und Bisse beim Spielen können ein Grund sein, wenn dabei der Knorpel verletzt wird.

Ein Besuch beim Tierarzt sollte auf jeden Fall erfolgen. Dieser kann die Schwellung punktieren und das Ohr reinigen.

Bei Hämatomen wird zwar im Normalfall ein Hämatomtape bestehend aus mehreren Fächertapes genutzt, aber dies gestaltet sich im Bereich des Ohres als extrem schwierig. Dennoch kann man es probieren, indem man die Basis des Fächertapes in Höhe des Lymphknotenzentrums am Hals-Venen-Winkel vor dem Schulterblatt aufbringt und dann die Tapefinger mit leichtgradiger Spannung am Hals entlang in Richtung Ohr und auf dem Ohr aufbringt.

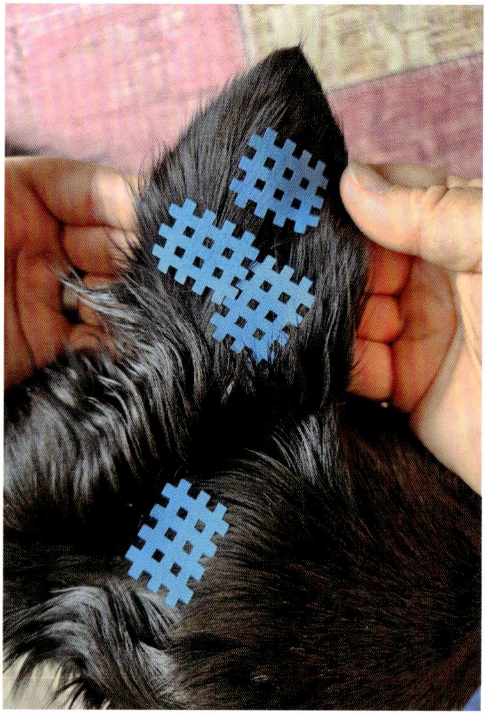

Gittertapes auf der Ohrrückseite zur Unterstützung bei einem Blutohr

Einfacher und schneller geht es auch beim Blutohr mit den Gittertapes. Diese vorsichtig mit den Fingern oder einer Kunststoffpinzette von der Trägerfolie abziehen, rund um das Ohr und auf der Ohrrückseite entlangführen und überall da aufbringen, wo sie sich von alleine an das Fell heranziehen.

CAUDA-EQUINA-SYNDROM

Das Cauda-Equina-(Kompressions-)Syndrom kann alle Hunde treffen, aber meistens tritt es eher bei großen Rassen auf. Dabei werden die Nervenwurzeln am hinteren Ende des Rückenmarks zusammengedrückt oder beschädigt. Vor allem ist der Bereich zwischen dem letzten Lendenwirbel und dem Sakrum (Kreuzbein) betroffen, da diese beiden Knochen gegeneinander verkippen. Die Folge dieser Verkippung und der daraus resultierenden Kompression der Fasern sind akute oder chronische Schmerzen im Bereich des unteren Rückens und der Hinterbeine. Häufig treten auch mehr oder weniger starke Lähmungserscheinungen auf und die Kontrolle der Blase kann beeinträchtigt sein.

Gegen die Schmerzen in dem Bereich hilft am besten der Alleskönner Sterntape. Diesen direkt auf dem Übergang Lendenwirbelsäule / Sakrum zentrieren. Eine ausführliche Beschreibung dazu findet sich im Abschnitt „Bandscheibenvorfall".

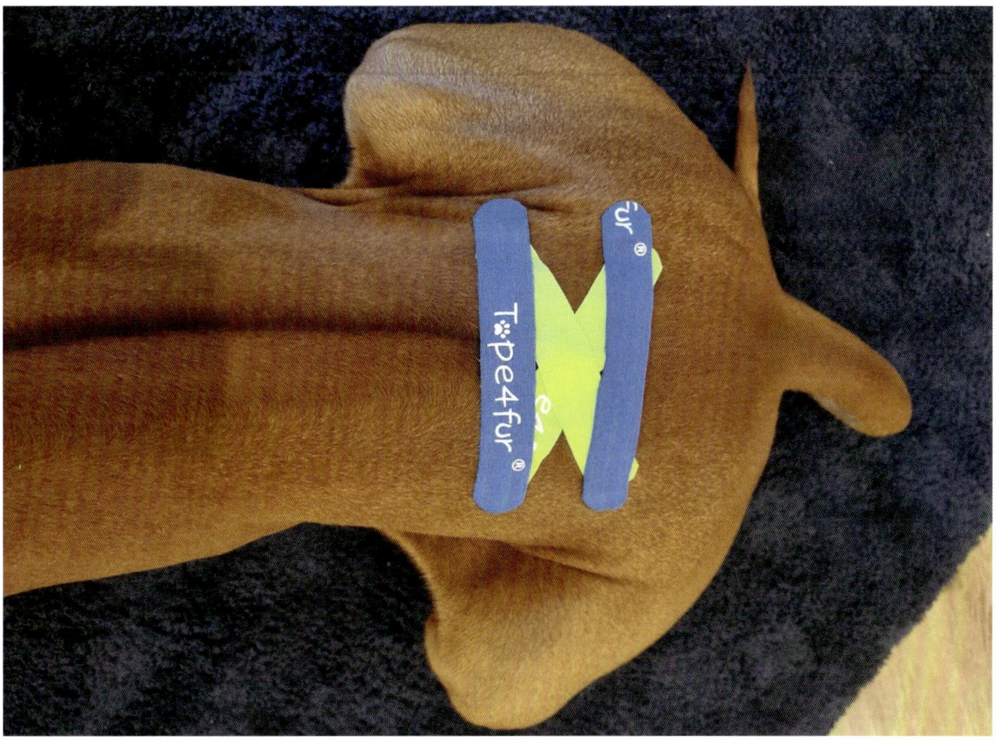

Stabilisierungstape für den lumbosakralen Übergang bei Cauda-Equina-Syndrom

Da beim Cauda-Equina-Syndrom in fast allen Fällen eine Verkippung der zuvor beschriebenen Wirbel vorliegt, ist es ratsam, bei diesem Krankheitsbild ein Stabilisierungstape anzubringen. Dies gibt der Körperregion Halt und stabilisiert den Bereich, um eine weitere Verkippung zu vermeiden.

Dafür benötigt man vier I-Tapes mit abgerundeten Ecken, die mit der Inside-Out-Technik in Stabilisierungstechnik aufgebracht werden.

Beim ersten Streifen die Trägerfolie mittig einreißen und diesen Wirkungsbereich mit leicht- bis mittelgradiger Spannung schräg über dem Übergang Lendenwirbelsäule / Sakrum aufkleben. Damit kein primärer Recoil eintritt, sollte dieser Bereich sofort mit der freien Hand oder mit Hilfe von Helferhänden fixiert werden. Während der Fixation des Mittelteiles des Tapestreifens werden die Enden auf beiden Seiten spannungsfrei aufgebracht. Danach kann man den Wirkungsbereich loslassen und die Fixierung aufheben.

Der zweite Tapestreifen wird mit genau derselben Handhabung aufgebracht, aber schräg in die entgegengesetzte Richtung über dem knöchernen Übergang, sodass sich ein „X" ergibt. Auch hier Mittelteil fixieren, bis die Enden aufgeklebt sind!

Der dritte und vierte Tapestreifen werden weiterhin mit der Stabilisierungstechnik geklebt. Den dritten quer über den Rücken direkt auf den letzten Lendenwirbel tapen und den vierten identisch auf das Sakrum kleben. Bei beiden Tapestreifen ebenso den Mittelteil des Tapestreifens fixieren, bis die Enden aufgebracht sind.

Hinweis: Diese Technik funktioniert leider nur bei kurzhaarigen Hunden! Bei langhaarigen Hunden kann man den Recoil nicht unterdrücken. Aufgrund seiner Länge wird sich das Fell einfach in sich verdrehen und damit dem Recoil nachgeben.

DACKELLÄHME

Von den Symptomen ist sie dem zuvor beschriebenen Cauda-Equina-Syndrom sehr ähnlich, allerdings betrifft sie eher kleine Hunderassen mit langem Rücken. Ganz oft betroffen sind zum Beispiel Dackel – deshalb auch die Namensgebung.

Verursacht wird dieses Krankheitsbild durch einen Bandscheibenvorfall, dem oftmals eine genetische Knorpelwachstumsstörung zugrunde liegt. Und wie man im Abschnitt „Bandscheibenvorfall" lesen kann, nutzt man dafür am besten ein Sterntape. Dort findet sich auch die ausführliche Beschreibung für die Aufbringung des Sterntapes.

Im Gegensatz zu Cauda Equina kann die Dackellähme jedes beliebige Wirbelgelenk betreffen. Sollte im Fall der Dackellähme auch eine Wirbelverkippung vorliegen, empfiehlt sich das Stabilisierungstape, wie es im Abschnitt „Cauda-Equina-Syndrom" erklärt wurde. Nur dass man es im Fall der Dackellähme direkt auf dem betroffenen Wirbelsegment aufbringt und nicht auf den Übergang Lendenwirbelsäule / Sakrum.

Folgen der Dackellähme sind akute oder chronische Schmerzen im Bereich des Rückens und der Beine sowie Lähmungserscheinungen. Auch hier kann man unterstützend Tape einsetzen und mit aktivierenden Muskeltapes arbeiten. Die Beschreibung hierfür findet man in den Abschnitten „Atrophierte und schwache Hinterhandmuskulatur" und „Atrophierte und schwache Rückenmuskulatur".

ELLENBOGENDYSPLASIE

Die Ellenbogengelenkdysplasie besteht aus einem komplexen Krankheitsbild und beinhaltet mehrere wachstumsbedingte Erkrankungen des Ellenbogengelenkes beim Hund. Sie ist oft erblich bedingt und betrifft in den meisten Fällen große Hunde mit schnellem Wachstum. Überlastung in der Wachstumsphase verschlimmert das Problem. Auch die Fütterung kann die Ellenbogendysplasie fördern, wenn dadurch das schnelle Wachstum angeregt wird.

Das schnelle Wachstum führt dazu, dass die am Ellenbogen beteiligten Knochen – Oberarm, Elle und Speiche – nicht genau zueinander passen und somit keine glatten Gelenkflächen bilden. Daraus entstehen knöcherne Umbauten wie Osteoarthrose und Osteophyten rund um das Gelenk. Der ganze Vorgang ist wie alle arthrotischen Vorgänge degenerativ und nicht reversibel.

Je nach Erkrankung und Ausprägung führt die Ellenbogendysplasie zu einer leichten bis schweren Lahmheit sowie zur Ellenbogenarthrose und dementsprechender Schmerzhaftigkeit rund um das betroffene Gelenk, aber auch in der übrigen Gliedmaße.

Leider lässt sich das Ellenbogengelenk aufgrund seiner Anatomie und Lage nur sehr schlecht tapen. Eine Unterstützung bekommen der Ellenbogen und das betroffene Bein mit einem Ellenbogenschlingentape. Dafür benötigt man ein einfaches I-Tape mit abgerundeten Ecken, welches mit der End-to-End-Technik aufgebracht wird.

Ellenbogenschlingentape bei Ellenbogendysplasie

Ungefähr 2 – 3 cm von der Trägerfolie an einem Ende des Tapestreifens entfernen und diese primäre Basis spannungsfrei mittig auf dem Oberarmbereich aufbringen. Diese Anfangsbasis bereits schräg vorwärts-abwärts in Richtung Ellenbeuge ausrichten. Seitlich an der Gliedmaße das Tape mit der Spannung aufkleben, mit der es von der Trägerfolie kommt (Off-Paper-Stretch). Vorne um die Ellenbeuge herum wird das Tape mit mittelgradiger Spannung appliziert. An der Beininnenseite dann wieder mit dem Off-Paper-Stretch. Hinten um den Ellenbogen dann erneut mit mittelgradiger Spannung und an der Außenseite des Beines wieder mit der Off-Paper-Spannung arbeiten. Das sekundäre Ende wird wie immer spannungsfrei geklebt und überlappend auf der primären Basis aufgebracht. Bitte darauf achten, dass man das Tape im hinteren Bereich auf jeden Fall unterhalb um den Ellenbogenhöcker herum aufbringt, damit es diesen nicht aus Versehen in der Bewegung einschränkt.

Durch das geschlossene System der Schlinge und die vermehrte Spannung im Bereich von Ellenbeuge und unterhalb des Ellenbogens erhält der Hund eine Art „Aufhängung" für die Gliedmaße, was für mehr Halt und Stabilität sorgt.

Alternativ dazu oder auch abwechselnd zum Ellenbogenschlingentape kann man auch sehr gut Gittertapes nutzen, um über die Mikromassage eine Schmerzlinderung zu begünstigen. Diese allerdings nur an der Außenseite des Ellenbogens aufbringen. An der Innenseite scheuern sich die kleinen Pflaster beim Laufen relativ schnell ab, da der Ellenbogen bei vielen Hunden dicht am Rumpf liegt und es dadurch zu Reibung kommen kann.

Gittertapes vorsichtig mit den Fingern oder einer Kunststoffpinzette von der Trägerfolie abziehen, im Bereich des Ellenbogens dicht am Fell entlangführen und überall dort aufkleben, wo sie sich von alleine an das Fell heranziehen.

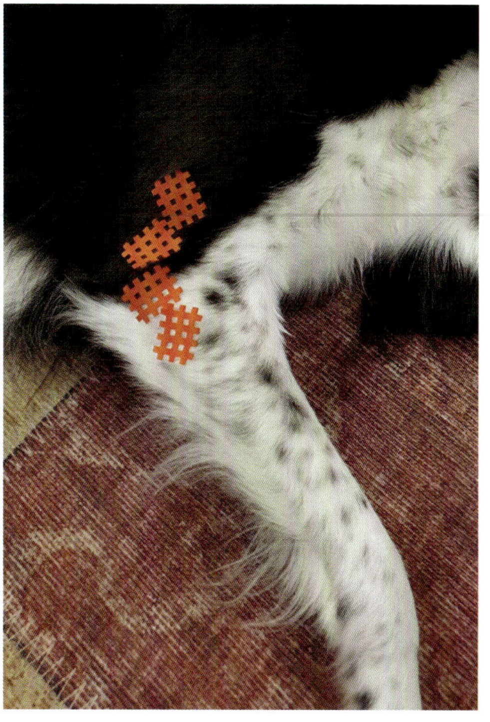

Gittertapes zur Stimulation des Gewebes rund um den Ellenbogen

FASZIALE PROBLEME

Faszienbehandlung und Faszientherapie sind momentan in aller Munde und extrem gefragt. Aber mal ganz ehrlich: So wirklich neu ist das alles gar nicht.

Faszien sind Teil des Bindegewebes und Bindegewebsmassagen gab es schon vor über hundert Jahren. Bei jeder „normalen" Massage werden Faszien eigentlich immer mitbehandelt, denn sie umhüllen die Muskeln, damit diese besser durch die anderen Gewebeschichten gleiten bzw. sich besser gegeneinander verschieben können. Somit arbeitet man bei jeder Massage und bei jeder Dehnung auch indirekt an den Faszien!

Unabhängig davon sind Faszien natürlich extrem wichtig – eben aus den vorgenannten Gründen. Wenn sie verkleben oder aufgrund von Trauma oder Flüssigkeitsmangel ihre Elastizität verlieren, wirkt sich das irgendwann auch auf die Muskulatur aus. Und da Faszien überall im Körper vorkommen (sie umhüllen zum Beispiel auch Organe), können die Auswirkungen nicht nur lokal am verspannten Bereich zu sehen sein, sondern sich überall im Körper bemerkbar machen.

Die Faszienbehandlung ist daher durchaus wichtig (aber eben nicht neu!) und man kann sie prima mit kinesiologischem Tape unterstützen.

Die schlechte Nachricht ist allerdings: Es gibt keine Standard-Tapinganlage für Faszien! Deshalb kann auch hier kein genaues Beispiel beschrieben werden, das für alle Faszienprobleme Anwendung findet.

Die gute Nachricht ist aber: Es gibt ganz viele Möglichkeiten, wie man das Tape für Faszien am besten nutzt. Die Verwringungstechnik kann man zum Beispiel bei Verklebungen der Sehnen nutzen (hier im Bild die Beugesehnen).

Man benötigt dafür mehrere I-Tapes, die alle mit der End-to-End-Technik aufgebracht werden.

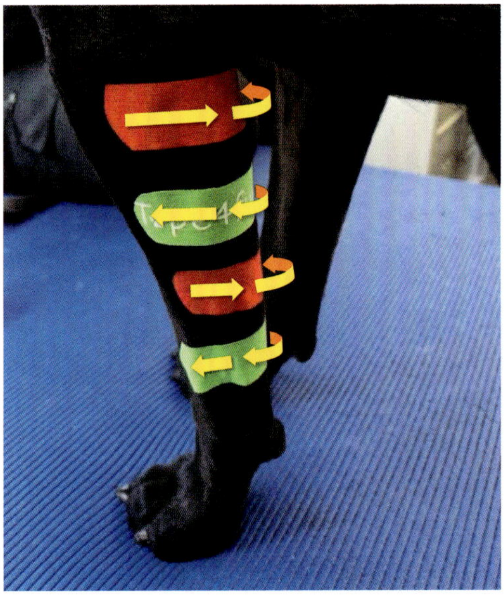

Verwringungstechnik bei faszialen Verklebungen rund um die Beugesehne

Beim ersten I-Tape ca. 2 – 3 cm von der Trägerfolie an einem Ende entfernen und spannungsfrei außen auf dem Bein ansetzen. Dann mit geringgradiger Spannung horizontal über die Beinrückseite kleben und die sekundäre Basis auf der Beininnenseite aufbringen.

Der zweite Streifen wird dann ein paar Zentimeter tiefer mit der gleichen Technik aufgeklebt, aber in die entgegengesetzte Richtung: von innen nach außen. Der dritte dann wieder von außen nach innen und der vierte wieder von innen nach außen. Und so geht es weiter, bis der betroffene Bereich abgedeckt ist.

Durch die abwechselnde Richtung der Aufbringung der Tapestreifen entstehen auch abwechselnde Recoils. Dadurch ergeben sich Verwringungen in der Faszie, die die Verklebungen lösen und das Gewebe wieder mobilisieren. Es gibt auch manuelle Verwringungstechniken zur Mobilisierung der Faszien – diese werden mit der Tapinganlage noch unterstützt.

Zur besseren Orientierung ist es hilfreich, zwei unterschiedliche Tape-Farben zu nutzen. So sieht man einfacher, wann man von außen nach innen und wann von innen nach außen tapen muss.

Auch diese Technik kann man genauso für die Strecksehne auf der Beinvorderseite nutzen. Auf der Beinrückseite eignet sie sich allerdings nicht bei Hunden mit langem Fell.

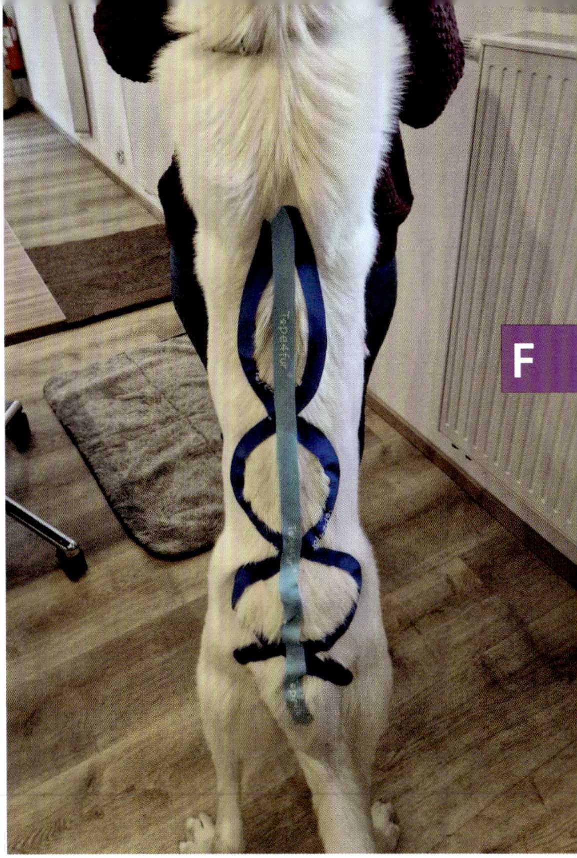

Zopftechnik bei großflächiger Verklebung der thorakolumbalen Rückenfaszie

Weiterhin gibt es noch die Spannungstechnik, die Vibrationstechnik oder auch die Zopftechnik, die alle im ersten Teil des Buches bei den Techniken ausführlich erklärt werden und die sich noch einmal im Abschnitt „Rückenfaszie" finden.

Wann man welche Technik nutzt, ist zum einen abhängig von der persönlichen Vorliebe, womit man selbst am besten zurechtkommt, aber auch von Größe und Umfang der Beschwerden. Oben im Bild ein Beispiel für eine Zopftechnik bei einer großflächigen faszialen Restriktion im Rückenbereich.

F

FEHLSTELLUNGEN

Nobody ist perfect! Auch unsere Hunde sind oftmals nicht perfekt, was die Stellung ihrer Gliedmaßen anbetrifft. So gibt es unterschiedliche Fehlstellungen der Gliedmaßen: X- und O-Beinigkeit zum Beispiel, aber auch Rotationsfehlstellungen.

Je jünger das Tier, desto effektiver ist es, Fehlstellungen zu tapen. Also am allerbesten gleich im Welpenalter, solange alle Strukturen noch weich und im Wachstum sind. Und da ist es nicht mit einer einmaligen Tapinganlage getan. Begleitend zu umfangreichen und wiederholten physiotherapeutischen Maßnahmen sollte man am besten ein- bis zweimal die Woche tapen, damit die fehlgestellte Gliedmaße immer wieder einen Impuls in die korrekte Richtung bekommt. Je jünger das Tier ist, desto schneller sieht man eine Verbesserung in der Stellung. Oft ist das schon nach vier bis sechs Wochen der Fall.

Bei ausgewachsenen Hunden kann man durchaus auch korrigierend mit dem kinesiologischen Tape auf die Fehlstellung einwirken. Da sich aber alle anatomischen Strukturen auf die Fehlstellung eingestellt haben, braucht es hier wirklich extrem viele und langfristige physiotherapeutische Behandlungen inklusive Taping, bis sich das Gewebe wieder umstellt.

Generell nutzt man bei Fehlstellungen Korrekturtapes, bei denen man sich vorwiegend den Recoil des Tapes zunutze macht, um der fehlgestellten Gliedmaße über die Zugrichtung des Tapes den Weg in die richtige Position zu zeigen. In den meisten Fällen gilt dabei eine Faustregel für Korrekturtapes: **Immer zur Fehlstellung hin tapen!**

Der Recoil geht dadurch immer in die entgegengesetzte Richtung zur eigentlichen Tapingrichtung – nämlich zur primären Basis und somit in die gewünschte Korrekturrichtung.

Außenrotation:

Ist die Hintergliedmaße aus dem Hüftgelenk heraus nach außen rotiert, braucht man pro Gliedmaße ein I-Tape mit abgerundeten Ecken, welches mit der End-to-End-Technik aufgebracht wird.

Da man der zuvor genannten Faustregel folgt, tapet man zur Fehlstellung hin, in dem Fall also nach außen.

An einem Ende des Tapestreifens die Trägerfolie einreißen und komplett entfernen, um dann diese primäre Basis spannungsfrei an der Oberschenkelinnenseite aufzubringen. Dann mit mittelgradiger Spannung nach außen spiralförmig abwärts um die Gliedmaße herum das Tape aufkleben. Das sekundäre Ende sollte auf der

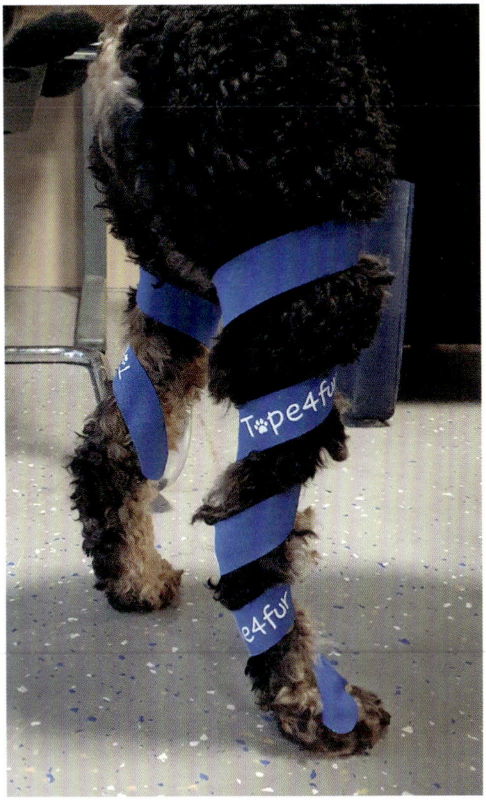

Korrekturtape bei einer Außenrotation der Hintergliedmaße

Oberseite der Pfote enden und dort spannungsfrei getapet werden.

Wenn beide Gliedmaßen betroffen sind, werden beide Gliedmaßen entsprechend getapet.

Sollte man eine Fehlstellung haben, die nur die untere Gliedmaße betrifft – nach außen rotierte Pfoten – beginnt man mit dem Tapestreifen unterhalb des Karpal- bzw. Tarsalgelenkes.

Innenrotation:

Hierbei verfährt man genau so, nur in die umgekehrte Richtung. Also auch wieder zur Fehlstellung hin. Die primäre Basis des Tapestreifens wird außen an der Gliedmaße aufgebracht und dann nach innen (zur Fehlstellung hin) spiralförmig um die Gliedmaße nach unten getapet.

O-Beinigkeit und X-Beinigkeit:

Auf diese beiden Fehlstellungen wird nochmals gesondert in den Abschnitten „O-Beine" und „X-Beine" eingegangen.

FEMURKOPFRESEKTION/-NEKROSE

Die Femurkopfnekrose entsteht durch eine Durchblutungsstörung des Hüftkopfes / Femurkopfes. Dieser wird dadurch nicht vollständig ausgebildet und irgendwann kommt es zum Absterben (Nekrose) dieses Knochenabschnittes. Ist dies der Fall, wird der betroffene Knochenabschnitt bei einer Operation chirurgisch entfernt (Resektion).

Vor der Operation zeigt sich eine deutliche Lahmheit sowie Schmerzhaftigkeit rund um den Hüftgelenksbereich. Nach der Operation bildet sich eine bindegewebsartige Verbindung zwischen Beckenknochen und Oberschenkel und bildet eine Art Ersatzgelenk. Zusätzlich übernehmen die Muskeln im Hüftbereich eine stabilisierende Funktion für das Hüftgelenk, da die Muskulatur in dem Bereich im Normalfall dort sehr stark ausgeprägt ist.

Weitere Gründe für eine Femurkopfresektion können aber auch eine ausgeprägte Hüftgelenksdysplasie und / oder Hüftgelenksarthrose sein.

Um der Gliedmaße und besonders dem Hüftgelenk mehr Stabilität zu geben, nutzt man ein Hüftschlingentape. Man braucht pro Gliedmaße ein I-Tape mit abgerundeten Ecken, welches mit der End-to-End-Technik aufgebracht wird.

An einem Ende des Tapestreifens die Trägerfolie einreißen und komplett entfernen und diese primäre Basis spannungsfrei am vorderen Beckenkamm aufbringen. Mit mittelgradigem Zug appliziert man dann den ersten Abschnitt des Tapes direkt über dem Verlauf des Hüftgelenkes in Richtung Sitzbeinhöcker. Danach arbeitet man mit geringgradigem Zug weiter. Der Tapestreifen verläuft dann hinten um die Gliedmaße

Hüftschlingentape zur Unterstützung nach einer Femurkopfresektion

herum, horizontal an der Beininnenseite wieder nach vorne und dann direkt in der Gehfalte oberhalb der Patella wieder vorwärts aufwärts und zum Ausgangspunkt zurück. Die sekundäre Basis wird spannungsfrei vor dem Hüftgelenk überlappend mit der primären Basis getapet.

Durch das Schlingensystem bekommt die ganze Gliedmaße mehr Halt und Stabilität und durch die vermehrte Zugrichtung im ersten Abschnitt der Tapinganlage bekommt der Ersatzhüftkopf den richtigen Impuls in Richtung Becken und Hüftgelenkspfanne.

Hinweis: Bitte diese Tapinganlage auch nur nach erfolgter Resektion nutzen. Bei bestehender schmerzhafter Nekrose möchte man den Hüftkopf nicht noch weiter in die Hüftpfanne „schieben"!

Solange der Hund noch nicht operiert und der Hüftgelenksbereich sehr schmerzhaft ist, ist ein Sterntape die bessere Tapinganlage. Diese wird in den Abschnitten „Arthrose" und „Hüftgelenksdysplasie" genauer beschrieben.

HÜFTGELENKSARTHROSE

Zum Thema Arthrose gibt es bereits im entsprechenden Abschnitt ausführliche Informationen. Hier findet sich auch die Beschreibung eines Sterntapes, das für dieses Krankheitsbild die beste Tapinganlage darstellt. Zusätzlich findet sich dort auch die Erklärung einiger Akupunkturpunkte, die man unterstützend mit Gittertapes tapen kann.

Sollte es sich um einen eher kleinen Hund mit Hüftgelenksarthrose handeln, könnte man statt des Sterntapes auch direkt Gittertapes im Bereich des Hüftgelenks nutzen. Diese vorsichtig mit den Fingern oder einer Kunststoffpinzette von der Trägerfolie abziehen, im Bereich des Hüftgelenkes dicht am Fell entlangführen und überall da aufkleben, wo sie sich von alleine an das Fell heranziehen.

Wie bei allen arthrotischen Veränderungen empfiehlt es sich, zusätzlich die Akupunkturpunkte Blase 11 und Lunge 7 mit Gittertapes zu versehen. Die Lage der Punkte findet sich im Abschnitt über Arthrose beschrieben.

HÜFTGELENKSDYSPLASIE

Bei der Hüftgelenksdysplasie handelt es sich um eine Fehlbildung des Gelenkes. Dadurch sitzt der Hüftkopf nicht richtig in der Hüftpfanne, es kommt zu Instabilitäten und Schmerzen. In den meisten Fällen ist diese Dysplasie genetisch bedingt und kommt meistens bei eher großwüchsigen Hunden vor. Aber auch andere Rassen können davon betroffen sein.

Bei Schmerzen ist das Sterntape die beste Tapinganlage, da sie durch die Überlagerung der vier Tapestreifen auf dem Hüftgelenk den größten schmerzlindernden Effekt hat. Man benötigt dafür vier gleich lange I-Tapes mit abgerundeten Ecken, die alle mit der Inside-Out-Technik appliziert werden.

Beim ersten Streifen des Sterntapes die Trägerfolie mittig einreißen, das Tape von innen nach außen mittelgradig dehnen und diesen Wirkungsbereich am besten horizontal über dem Hüftgelenk aufkleben. Die Enden an beiden Seiten werden spannungsfrei und mit Back-up appliziert.

Den zweiten Streifen ebenfalls mit Inside-Out-Technik, aber nur mit geringgradiger Spannung im rechten Winkel zum ersten Tapestreifen aufkleben, sodass sich ein „+" ergibt.

Das dritte I-Tape ebenfalls mit leichtgradiger Spannung aufkleben, schräg zum „+". Das vierte I-Tape schräg in die entgegengesetzte Richtung mit ganz geringer Spannung tapen.

Wie im ersten Teil des Buches beschrieben, wird der Kleber durch Wärme / Reibung aktiviert. Beim Sterntape bitte jeden einzelnen Streifen für sich warmreiben und

Sterntape zur Unterstützung der Schmerzlinderung bei Hüftgelenksproblemen

nicht am Ende, wenn alle vier Tapestreifen aufgebracht sind. Denn dann läuft man Gefahr, dass man aufgrund der sternförmigen Anordnung an einem der Enden hängenbleibt und dieses aus Versehen selbst wieder abstreift!

Sollte die Dysplasie zu massiven Instabilitäten in der Hinterhand führen, wäre als Alternative das Hüftschlingentape zu wählen. Die ausführliche Beschreibung dafür ist unter dem Abschnitt „Femurkopfresektion" zu finden.

H

HYPEREXTENSION DES SPRUNGGELENKS

Von einer Hyperextension des Sprunggelenks (oder auch Durchtrittigkeit) spricht man, wenn dieses nicht mehr in seiner normalen Winkelung steht, sondern deutlich überstreckt ist und mitunter fast senkrecht wirkt. Dies wird im veränderten Gangbild des Hundes deutlich sichtbar. Das Gelenk erscheint dabei instabil, was auf eine Bänder- oder Bindegewebeinstabilität zurückzuführen ist, die nicht mehr genügend Halt gibt.

In den meisten Fällen sind große Hunde davon betroffen und je schwerer sie sind, desto mehr Probleme haben sie mit dem Gelenk. Hierbei ist das Krankheitsbild meist angeboren und wurde vererbt.

Es gibt aber auch die plötzlich auftretende Hyperextension, die durch ein Trauma beim Springen zustande kommt und die oft mit einer Ruptur der Bänder einhergeht.

Bei einer länger bestehenden Hyperextension im Sprunggelenk kann es zu einer Verkürzung der Achillessehne kommen.

Hier gilt es zum einen, das Sprunggelenk mithilfe des Tapes zu stabilisieren; zum anderen kann man auch ein Muskelsehnentape nutzen, um einer Verkürzung der Achillessehne entgegenzuwirken. Man kann beide Anlagen miteinander kombinieren oder auch abwechselnd tapen – dies ist ein bisschen befund- und beschwerdenabhängig. Erscheint das Sprunggelenk extrem instabil, sollte man erst einmal mit dem Stabilisierungstape beginnen.

Ist das Sprunggelenk hingegen recht stabil, aber die Hyperextension stark ausgeprägt, dann wäre ein Beginn mit den Muskelsehnentapes sinnvoller.

Stabilisierungstape Sprunggelenk:

Dafür benötigt man vier I-Tapes mit abgerundeten Ecken, die mit der Inside-Out-Technik in Stabilisierungstechnik aufgebracht werden.

Beim ersten Streifen die Trägerfolie mittig einreißen und diesen Wirkungsbereich mit gering- bis mittelgradiger Spannung oberhalb des Sprunggelenks von hinten schräg vorwärts abwärts aufkleben. Diesen Wirkungsbereich *sofort* selbst mit der freien Hand fixieren oder von einem Helfer fixieren lassen, damit kein primärer Recoil eintritt. Während der Mittelteil des Tapestreifens fixiert wird, werden die Enden auf beiden Seiten des Sprunggelenkes spannungsfrei aufgebracht. Danach kann man den Wirkungsbereich loslassen und die Fixierung aufheben.

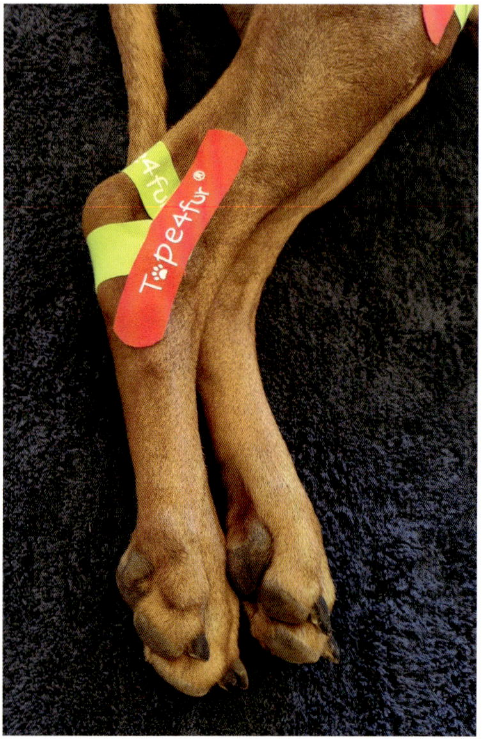

Stabilisierungstape für das Sprunggelenk

Der zweite Tapestreifen wird mit genau derselben Handhabung aufgebracht, aber von unterhalb des Sprunggelenkes schräg aufwärts verlaufend, sodass der Sprunggelenkshöcker eingerahmt wird. Auch hier den Mittelteil fixieren und damit den Recoil unterdrücken, bis die Enden aufgeklebt sind.

Der dritte und vierte Tapestreifen wird weiterhin mit der Stabilisierungstechnik geklebt. Den dritten appliziert man dabei senkrecht auf der Außenseite des Sprunggelenkes und den vierten identisch auf der Innenseite des Sprunggelenkes. Bei beiden Tapestreifen ebenso den Mittelteil des Tapestreifens fixieren oder fixieren lassen, bis die Enden spannungsfrei aufgebracht sind.

> **Hinweis:** Diese Stabilisierungstechnik funktioniert leider nur bei kurzhaarigen Hunden! Bei langhaarigen kann man den Recoil nicht unterdrücken, denn die langen Haare werden sich einfach in sich verdrehen und damit dem Recoil nachgeben.

Muskelsehnentape für die Achillessehne:

Hierfür benötigt man zwei einfache I-Tapes mit abgerundeten Ecken, die mit der End-to-End-Technik aufgebracht werden.

An einem Ende des ersten Tapestreifens die Trägerfolie komplett einreißen und entfernen. Nun das Bein so gut es dem Tier möglich ist anwinkeln und in dieser Position die primäre Basis spannungsfrei oberhalb des Sprunggelenkshöckers aufbringen. Den Tapestreifen mit geringgradiger Spannung entlang der Beinrückseite gerade nach oben tapen. Die sekundäre Basis wird wie üblich spannungsfrei aufgebracht (hier im Bild in pink).

Zusätzlich sollte man noch den Gegenspieler der Achillessehne aktivieren. Dazu nutzt man das zweite I-Tape. Hierbei das Bein, soweit es dem Tier möglich ist, gerade nach hinten dehnen. Auch jetzt wieder an einem Ende die Trägerfolie vom Tape entfernen und diese primäre Basis spannungsfrei in Höhe des Knies aufbringen. Den Wirkungsbereich des Tapes mit geringgradiger Spannung gerade nach unten auf der Beinvorderseite aufbringen. Die sekundäre Basis spannungsfrei in Höhe des Sprunggelenkes tapen (hier im Bild grün).

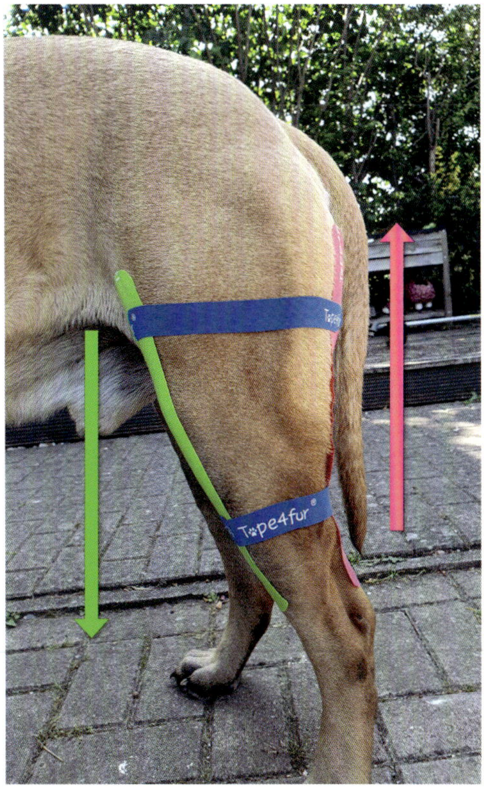

Muskelsehnentapes zur Unterstützung der Hinterhandmuskulatur

Zusätzlich ist es hilfreich, wenn man die beiden Tapestreifen noch mit ein paar spannungsfreien Querankern sichert, um einem eventuellen vorzeitigen Ablösen aufgrund des Bewegungsradius der Gliedmaße entgegenzuwirken.

H

IMPFBEULE

Bestimmt hat es schon der ein oder andere Hundebesitzer mitgemacht: Am Tag nach der Impfung war der Bereich um die Einstichstelle geschwollen oder „knubbelig“. Dies ist in den meisten Fällen vollkommen unbedenklich und nach ein paar Tagen wieder verschwunden. Sollte die Schwellung aber größer sein und sich wenig bis gar nicht bessern, kann man unterstützend mit Gittertapes arbeiten.

Wie bei allen Schwellungen ist wichtig: Es sollte keine heiße, entzündliche Schwellung sein. Wäre das der Fall, sollte das mit dem Tierarzt abgeklärt werden.

Gittertapes vorsichtig mit den Fingerspitzen oder einer Kunststoffpinzette von der Trägerfolie abziehen und im Bereich der Impfbeule dicht am Fell entlangführen und überall da aufkleben, wo sie sich von alleine an das Fell heranziehen. Dies kann direkt auf der Schwellung sein, aber auch im Gewebe drumherum. Bei größeren Schwellungen können ruhig auch mehrere Gittertapes aufgebracht werden.

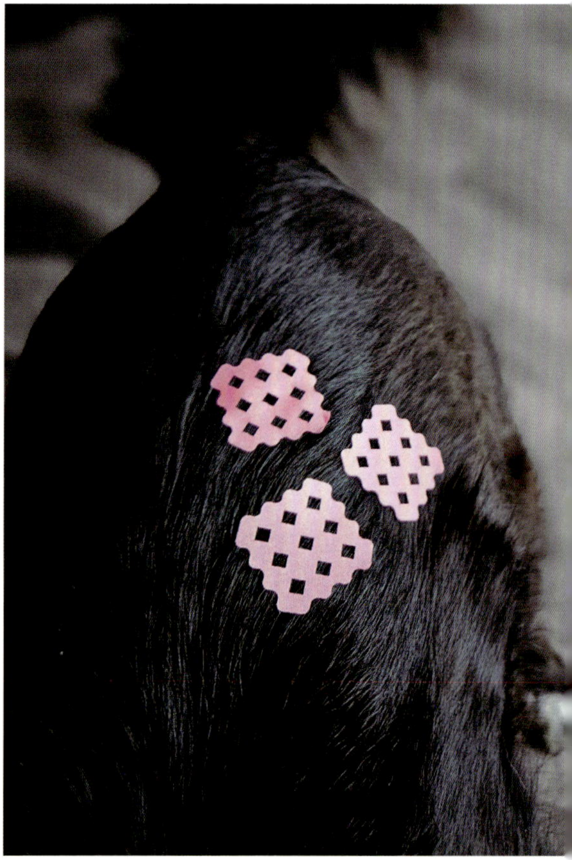

Gittertapes können bei Schwellungen wie zum Beispiel einer Impfbeule eingesetzt werden.

INSEKTENSTICH

Die meisten Insektenstiche verlaufen bei unseren Tieren eher unauffällig. Meistens bemerkt man sie wegen des Fells auch gar nicht. Und dennoch gibt es immer mal wieder den ein oder anderen Insektenstich oder -biss, der richtig dick wird, juckt und sich vielleicht auch entzündet. Hier gilt das Gleiche wie im vorigen Abschnitt über die Impfbeule: Gittertapes entweder direkt auf den Insektenstich oder drumherum aufbringen, aber nie auf einen heißen oder entzündeten Stich! Gittertapes vorsichtig mit den Fingerspitzen oder einer Kunststoffpinzette von der Trägerfolie abziehen, im Bereich des Insektenstiches dicht am Fell entlangführen und überall da aufkleben, wo sie sich von alleine an das Fell heranziehen. Dies kann direkt auf der Schwellung sein, aber auch im Gewebe drumherum. Bei größeren Schwellungen können ruhig auch mehrere Gittertapes aufgebracht werden.

INSTABILITÄT DES ELLENBOGENS

Das Ellenbogengelenk ist eines der komplexeren Gelenke beim Hund und setzt sich aus Oberarm (Humerus) sowie den beiden Unterarmknochen Elle (Ulna) und Speiche (Radius) zusammen. Diese Röhrenknochen verfügen über Wachstumsfugen, die sich im Normalfall schließen, wenn der Hund ausgewachsen ist. Bei sehr schnell wachsenden Hunden oder auch Welpen, die eine schlechte Futterversorgung haben, kann es zu einer Störung in den Wachstumsfugen kommen. Dies hat zur Folge, dass diese sich nicht vollständig schließen und eine Ellenbogendysplasie entsteht. Langfristig kommt es dann aufgrund der fehlerhaften Belastung dieser Knochenabschnitte in diesem Bereich zur Arthrose. Vor allem aber verursachen die nicht vollständig geschlossenen Wachstumsfugen Instabilitäten im Ellenbogen. Neben gezielter physiotherapeutischer Behandlung kann man hier unterstützend ein Ellenbogenschlingentape nutzen.

Aber auch bei alten Hunden, die muskulär nicht mehr so gut unterwegs sind, kann es zu Instabilitäten im Ellenbogen kommen. Auch sie profitieren von einem Schlingentape für den Ellenbogen.

Die ausführliche Beschreibung dafür findet sich im Abschnitt „Ellenbogendysplasie“.

INSTABILITÄT DES KARPALGELENKS

Häufiges Stolpern oder Vorknicken im Karpalgelenk sind Zeichen für eine Instabilität im Karpalgelenk und können bei Hunden jeden Alters auftreten. Die Gründe dafür können sehr vielfältig sein. Einer der häufigsten sind instabile Bänder bzw. Bänderverletzungen oder -dehnungen. Aber auch Fehlstellungen, Frakturen, Arthrose, Gelenkentzündungen oder Störungen der unteren Wachstumsfugen von Elle und Speiche können ursächlich sein.

Auch hier kann man mit kinesiologischem Tape unterstützend arbeiten, um dem Karpalgelenk mehr Stabilität und Halt zu geben.

Man braucht dafür vier bis fünf schmale I-Tapes mit abgerundeten Ecken, die alle Inside-Out mit der Stabilisierungstechnik geklebt werden.

Beim ersten Streifen die Trägerfolie mittig einreißen und diesen Wirkungsbereich mit leicht- bis mittelgradiger Spannung diagonal auf dem Karpalgelenk aufkleben. Diesen Wirkungsbereich *sofort* von einem Helfer mit den Händen fixieren lassen, damit kein primärer Recoil eintritt. Während der Helfer diesen Mittelteil des Tapestreifens fixiert, die Enden nacheinander auf beiden Seiten spannungsfrei und mit Back-up aufkleben. Danach kann der Helfer den Wirkungsbereich loslassen.

Der zweite Tapestreifen wird mit der gleichen Handhabung aufgebracht, aber diagonal in die entgegengesetzte Richtung, sodass sich ein „X" auf dem Karpalgelenk ergibt. Auch hier gilt: Mittelteil fixieren, bis die Enden aufgeklebt sind!

Nun bringt man, ebenfalls mit der Stabilisierungstechnik, noch zwei bis drei horizontale Tapestreifen an. Einen Streifen klebt man direkt auf den unteren Rand des Radius und einen auf den oberen Rand der Mittelfußknochen. Wenn die Pfote bzw.

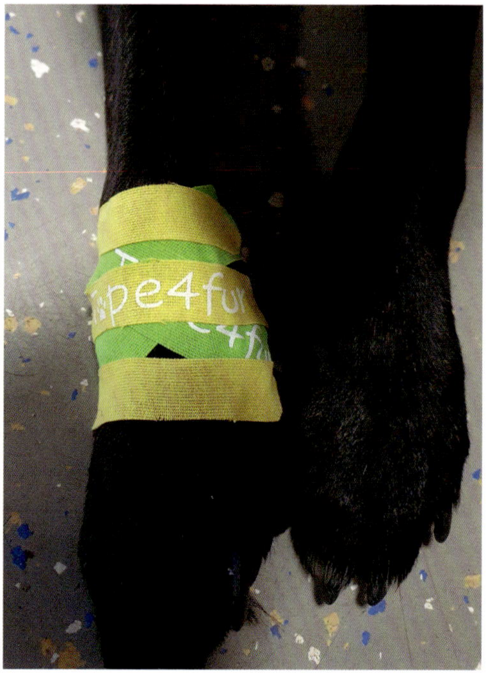

Stabilisierungstape für das Karpalgelenk

die Extremität groß genug ist, kann man, wie hier im Bild, auch noch einen dritten horizontalen Tapestreifen direkt auf dem Vorderfußwurzelgelenk applizieren.

Durch das Unterdrücken des Recoils und den Erhalt der Spannung im Tape gibt man dem Gewebe und Gelenk darunter mehr Stabilität.

Sollte eine seitliche Instabilität vorliegen, behält man das im ersten Schritt applizierte „X" bei und klebt dann aber je einen Streifen an der Außen- und Innenseite des Karpalgelenkes mit der Stabilisierungstechnik auf.

Zugegeben, diese Tapinganlage lässt sich nur bei etwas größeren Hunden mit breiteren Extremitäten und Karpalgelenken gut kleben. Bei einem Jack-Russell-Terrier zum Beispiel oder einem Dackel wird das Ganze sehr mühsam und fummelig. Da ist die Nutzung von Gittertapes sinnvoller und vor allem einfacher.

Gittertapes vorsichtig mit den Fingerspitzen oder einer Kunststoffpinzette von der Trägerfolie abziehen und direkt vorne auf dem Gelenk, dem Radius und den Mittelfußknochen anbieten. Aufgebracht werden sie überall dort, wo sie sich von allein an das Fell heranziehen.

Hinweis: Diese Technik funktioniert leider nur bei kurzhaarigen Hunden! Bei langhaarigen kann man den Recoil nicht unterdrücken. Die langen Haare werden sich einfach in sich verdrehen und dem Recoil nachgeben.

INSTABILITÄT DES KNIES

Häufige Ursache für Instabilität im Knie ist eine schwache oder atrophierte Muskulatur der Hinterhand. Diese kann man sehr gut mit kinesiologischem Tape unterstützen. Eine ausführliche Beschreibung dazu findet man im Abschnitt „Atrophierte oder schwache Hinterhandmuskulatur".

Bei expliziten Problemen, die direkt das Knie betreffen und zu einer Instabilität führen, wie z. B. Patellaluxation, lockere Kniebänder oder Kreuzbandprobleme, kann man ein Knieschlingentape nutzen, wobei man es durchaus mit aktivierenden Muskeltapes kombinieren kann.

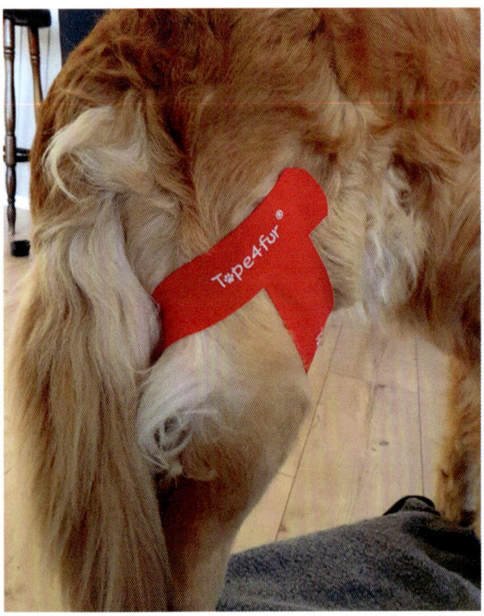

Knieschlingentapes kann man bei Instabiltät der Knie einsetzen.

Für das Schlingentape benötigt man ein I-Tape mit abgerundeten Ecken, das mit der End-to-End-Technik aufgebracht wird. Gemessen wird dabei von der Mitte des Oberschenkels beginnend einmal um den Kniegelenkspalt und die Kniekehle herum und wieder zum Ausgangspunkt zurück.

Ungefähr 2 – 3 cm von der Trägerfolie an einem Ende des Tapestreifens entfernen und diese primäre Basis spannungsfrei mittig auf dem Oberschenkel aufbringen. Diese Anfangsbasis bereits schräg vorwärts abwärts in Richtung Kniegelenkspalt ausrichten. Seitlich am Oberschenkel die Trägerfolie mit der Spannung aufkleben, mit der das Tape von der Trägerfolie kommt (Off-Paper-Stretch). Vorne um den Kniegelenkspalt wird das Tape mit mittelgradiger Spannung appliziert. An der Oberschenkelinnenseite dann wieder mit dem Off-Paper-Stretch arbeiten. Hinten um die Kniekehle dann erneut mit mittelgradiger Spannung und an der Außenseite des Oberschenkels wieder mit der Off-Paper-Spannung arbeiten. Das sekundäre Ende wird wie immer spannungsfrei geklebt und überlappend auf der primären Basis aufgebracht.

Durch dieses geschlossene System und die vermehrte Spannung im Bereich von Kniegelenk und Kniekehle erhält der Hund eine Art „Aufhängung" für die Gliedmaße und damit mehr Halt und Stabilität.

INSTABILITÄT DES SPRUNGGELENKS

Bei älteren Hunden sieht man es häufig, aber auch bei schwach bemuskelten Hunden: Das Sprunggelenk wackelt beim Aufsetzen der Gliedmaße, ist instabil und die Hintergliedmaße knickt dabei ein.

In diesem Fall ist eine muskuläre Unterstützung der Hinterhand sinnvoll, siehe auch den Abschnitt „Atrophierte oder schwache Hinterhandmuskulatur“. Dort ist dies ausführlich beschrieben.

Zusätzlich zur Aktivierung der Hinterhand empfiehlt sich ein Stabilisierungstape für das Sprunggelenk. Die Beschreibung dafür findet sich unter „Hyperextension Sprunggelenk“.

Man kann diese beiden Tapinganlagen entweder kombinieren und gleichzeitig tapen oder abwechselnd mal Muskeltape, mal Stabilisierungstape nutzen.

ISG-BLOCKADEN

Das Iliosakralgelenk ist leider viel zu häufig in aller Munde, da viel zu häufig ein Problem bei unseren Hunden. Weil hier die Bewegungsenergie der Hinterhand auf den Rumpf übertragen wird, gibt es im Bereich der Iliosakralfugen oft Probleme. Wie der Begriff schon beschreibt, sind die ISG-Fugen eben „nur“ fugenartige, plane Gelenkflächen und werden primär von Bändern gehalten. Dadurch kann es leider zu Blockierungen und auch Verkippungen in diesem Bereich kommen.

Bei immer wiederkehrenden Blockierungen in diesem Bereich kann man ein Stabilisierungstape für die Iliosakralfugen nutzen. Wichtig ist, dass die Blockierung vorher gelöst wurde und das Sakrum in der korrekten Position steht. Im Anschluss daran wird dann das Stabilisierungstape geklebt. Aufgrund der spezifischen Stabilisierungstechnik und der Unterdrückung des Recoils gibt dies dem Sakrum und den Iliosakralfugen mehr Halt und Stütze.

Dafür benötigt man vier I-Tapes mit abgerundeten Ecken, die mit der Inside-Out-Technik in Stabilisierungstechnik aufgebracht werden.

Beim ersten Streifen die Trägerfolie mittig einreißen und diesen Wirkungsbereich mit gering- bis mittelgradiger Spannung schräg über dem Sakrum aufkleben.

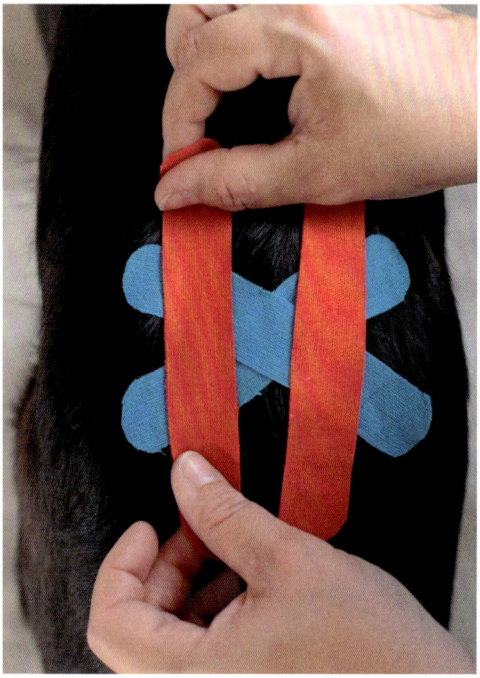

Stabilisierungstape für Instabiliäten des Sakrums und der Iliosakralfugen

Diesen Wirkungsbereich *sofort* von einem Helfer mit den Händen fixieren lassen, damit kein primärer Recoil eintritt. Während der Helfer diesen Mittelteil des Tapestreifens fixiert, werden die Enden auf beiden Seiten des Sakrums spannungsfrei aufgebracht. Danach kann der Helfer den Wirkungsbereich loslassen.

Der zweite Tapestreifen wird mit genau derselben Handhabung aufgebracht, aber schräg in die entgegengesetzte Richtung über dem Sakrum, sodass sich ein „X" ergibt. Auch hier gilt: Mittelteil fixieren, bis die Enden aufgeklebt sind!

Der dritte und vierte Tapestreifen werden weiterhin mit der Stabilisierungstechnik geklebt. Den dritten seitlich neben dem Sakrum gerade, direkt über die Iliosakralfuge tapen und den vierten identisch auf der gegenüberliegenden ISG-Fuge kleben. Bei beiden Tapestreifen ebenso den Mittelteil des Tapestreifens fixieren, bis die Enden aufgebracht sind.

Hinweis: Diese Technik funktioniert leider nur bei kurzhaarigen Hunden! Bei langhaarigen kann man den Recoil nicht unterdrücken. Die langen Haare werden sich einfach in sich verdrehen und dem Recoil nachgeben.

ISG-VERSPANNUNGEN

Wie schon im Abschnitt über die ISG-Blockaden beschrieben, handelt es sich um plane Gelenkflächen, die von Bändern gehalten werden und die bei der Kraftübertragung von der Hinterhand auf den Rumpf viel Spannung und Energie kompensieren müssen. Spannungen sind deshalb in diesem Bereich keine Seltenheit. Steuert man ihnen nicht entgegen, kann dies zu den vorgenannten Blockaden führen. So weit sollte man es am besten erst gar nicht kommen lassen. Um Verspannungen rund um das ISG zu lösen und den Druck aus dem Bereich zu nehmen, kommt hier das Sterntape zum Einsatz.

Sterntape bei Verspannungen im ISG-Bereich

Durch die Überlagerung der vier Tapestreifen kommt es zu einer Potenzierung des Anhebe-Effektes und somit zu dem größten Raumgewinn im verspannten Bereich – die Strukturen können sich wieder entspannen.

Für das Sterntape benötigt man vier I-Tapes mit abgerundeten Ecken, die mit der Inside-Out-Technik direkt über dem Sakrum und den Iliosakralfugen zentriert aufgeklebt werden. Bitte die Tapestreifen lang genug schneiden, damit der Wirkungsbereich des Tapes den verspannten Bereich komplett abdeckt und die Endbasen außerhalb des Befundes liegen.

Trägerfolie beim ersten Tapestreifen mittig einreißen, von innen nach außen dehnen und diesen mit mittelgradiger Spannung entlang des Sakrums aufkleben. Die Enden spannungsfrei und mit Back-up tapen. Das zweite I-Tape wird mit gleicher Vorgehensweise, aber nur mit geringgradiger Spannung im rechten Winkel dazu appliziert, sodass sich ein „+" ergibt. Den dritten Streifen ebenfalls mit leichtgradiger Spannung schräg aufkleben und den vierten Tapestreifen so, dass er gerade noch gespannt ist, schräg in die entgegengesetzte Richtung tapen.

Bitte jeden Streifen einzeln warmreiben. Sollte man dies erst am Ende tun, läuft man dabei Gefahr, aus Versehen an einer der acht sekundären Basen hängen zu bleiben und die Tapinganlage vorzeitig abzulösen.

KARPALGELENKSARTHROSE

Auch arthrotische Veränderungen im Karpalgelenk sind keine Seltenheit bei Hunden. Sei es verursacht durch angeborene oder erworbene Fehlstellungen in der Gliedmaße oder durch Überlastung des Gelenkes, wenn die Hunde zu viel treppab gehen oder herabspringen, zum Beispiel aus dem Auto. Auch Übergewicht ist oft ein Faktor für die Überlastung der Gelenke und eine daraus resultierende Arthrose. Wie bei allen arthrotischen Veränderungen ist die beste Tapinganlage dafür das Sterntape, wie bereits im allgemeinen Abschnitt über Arthrose beschrieben.

Man benötigt dazu vier I-Tapes mit abgerundeten Ecken. Drei davon sollten möglichst gleich lang und der vierte, der senkrecht aufgeklebt wird, sollte etwas länger sein. Alle vier Tapestreifen werden mit der Inside-Out-Technik von vorne auf das Karpalgelenk aufgebracht.

Beim ersten Tapestreifen die Trägerfolie mittig einreißen und bis auf die Enden entfernen. Den Wirkungsbereich von innen nach außen dehnen und mit mittelgradiger Spannung horizontal, gerade von vorne auf dem Karpalgelenk aufbringen.

Den zweiten Streifen mit gleicher Handhabung, aber etwas weniger Spannung schräg auf dem Karpalgelenk aufkleben. Den dritten Tapestreifen wieder mit etwas weniger Spannung schräg in die entgegengesetzte Richtung tapen.

Bei Arthrose im Karpalgelenk kann man ein Sterntape oder bei sehr kleinen Hunden ersatzweise ein Gittertape verwenden.

Für den vierten Tapestreifen, der senkrecht aufgebracht wird, das Karpalgelenk, so weit es dem Hund möglich ist, anwinkeln. In dieser angewinkelten Position das letzte I-Tape mit ganz geringer Spannung und Inside-Out-Technik von vorne auf dem Gelenk applizieren. Im angewinkelten Zustand das Tape warmreiben und dann erst das Bein wieder absetzen.

Durch die Überlagerung der vier Tapestreifen auf dem Karpalgelenk hat man den größtmöglichen Raumgewinn im Gewebe und dadurch auch die größte schmerzlindernde Wirkung. Wie bei allen arthrotischen Veränderungen empfiehlt es sich, zusätzlich die Akupunkturpunkte Blase 11 und Lunge 7 mit Gittertapes zu versehen. Die Lage der Punkte findet sich im Abschnitt über Arthrose beschrieben.

KASTRATIONSNARBE

K

Jede Narbe kann Probleme bereiten, so auch eine Kastrationsnarbe. Diese vielleicht sogar besonders, da sie beim Rüden an einer eher ungünstigen Stelle liegt und deshalb Auswirkungen auf das gesamte Becken und die Hintergliedmaße haben kann. Neben einer manuellen Narbenbehandlung und -entstörung wäre eine Tapinganlage hier sinnvoll.

Hier sage ich bewusst „wäre", weil dieser Bereich aufgrund der anatomischen Lage bei Rüden schwierig zu tapen ist. Insofern sind hier mal wieder Gittertapes die bessere und einfachere Tapingvariante: Vorsichtig mit den Fingern oder einer Kunststoffpinzette von der Trägerfolie abziehen, im Bereich der Kastrationsnarbe entlangfahren und überall da aufkleben, wo sie sich von alleine heranziehen.

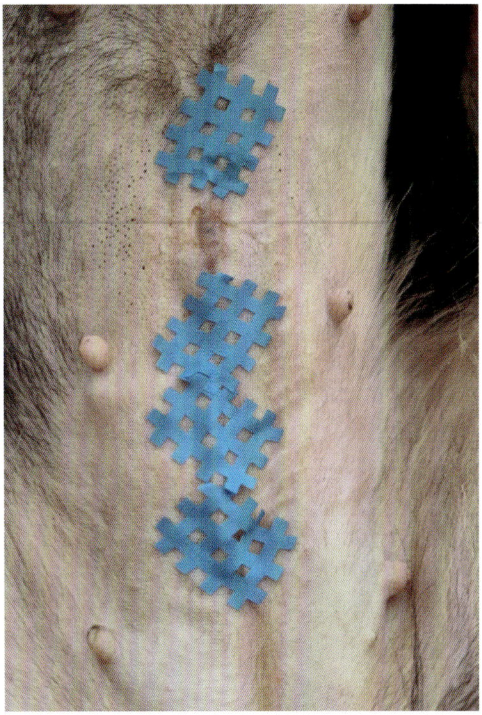

Narben (z.B. nach Kastration) sprechen sehr gut auf die Behandlung mit Gittertapes an.

Bei Hündinnen ist das Ganze deutlich einfacher. Hier kann man mit einem klassischen Narbentape arbeiten, wie unter „Muskelfaserriss" ausführlich beschrieben, oder auch Gittertapes nutzen, wie man es hier im Bild sieht.

Zusätzlich gibt es eine Möglichkeit, wie man indirekt die Kastrationsnarbe mit einem Tape ansprechen kann: Mit einem Sterntape auf dem ISG-Bereich, siehe dazu den Abschnitt „ISG-Verspannungen". Jahrelange Tapingerfahrung und unzählige Sterntapes haben bei mir ganz oft zu dem Ergebnis geführt, dass besonders Rüden mit Problemen an der Kastrationsnarbe durch Sterntapes eine Entlastung erfahren haben, das Becken mobiler und die Hinterhand wieder aktiver wurde. An diesem Beispiel zeigt sich wieder einmal, dass alles im Körper miteinander verknüpft ist und zusammenhängt!

Wichtig: Keine Gittertapes oder kinesiologisches Tape direkt auf frische Narben aufkleben! Die Narben müssen erst von außen vollständig verheilt sein, bevor man zu tapen beginnt.

Sehr wohl kann man aber den Heilungsprozess unterstützen, indem man Gittertapes um die Narbe herum platziert, solange diese noch nicht von außen abgeheilt ist.

KIEFERGELENKSPROBLEME

Nicht nur wir Menschen können Probleme mit den Kiefergelenken bekommen, sondern auch unsere Hunde. Wer kennt es nicht von sich selbst: Nach einer längeren Behandlung beim Zahnarzt schmerzen die Kiefergelenke oder man fühlt einen vermehrten Druck in diesem Bereich, weil man den Mund so lange weit aufhalten musste. Durch diese unnatürliche Haltung entsteht ganz oft eine Kompression in den Kiefergelenken. Das ist bei Hunden natürlich genauso der Fall, wenn sie Zahnoperationen oder Zahnsanierungen mitmachen müssen.

Sanfte Mobilisation des Kiefergelenks mit einem Gittertape

Da die Kiefergelenke allerdings recht klein sind, wäre das Arbeiten mit einem kinesiologischen Tape hier extrem mühsam und die Anlage sehr winzig. Wie gut, dass es Gittertapes gibt! Sie sind bei Kiefergelenksproblemen die Variante der Wahl.

Gittertapes vorsichtig mit den Fingern oder einer Kunststoffpinzette von der Trägerfolie abziehen und auf beiden Seiten direkt auf den Kiefergelenken aufbringen. Zusätzlich kann man noch mit einem Gittertape seitlich am Kopf an der Kaumuskulatur entlanggehen und schauen, ob es sich dort auch von allein heranzieht, denn diese Muskulatur wird ja bei der Zahnbehandlung ebenfalls übermäßig gedehnt und strapaziert und kann daher behandlungsbedürftig sein.

KNIEBÄNDER

Von den Kreuzbändern haben viele Hundebesitzer leider schon viel zu oft gehört, wenn diese gerissen sind und operiert werden müssen.

Aber es gibt weitere Bänder am Hundeknie: So etwa das innere und äußere Seitenband sowie das Kniescheibenband. Alle diese Bänder sorgen für Stabilität im Knie. Sind sie in Mitleidenschaft gezogen, kann das Knie entsprechend instabil sein.

Es gibt zwei Möglichkeiten, die Bänder zu unterstützen: Einmal die etwas allgemeinere Version mit dem Knieschlingentape, welches dem Knie und der ganzen Gliedmaße mehr Halt gibt. Die andere Version wäre ein gezieltes Stabilisierungstape für die Kniebänder.

Das Knieschlingentape, welches vor allem bei langhaarigen Hunden zu empfehlen ist, ist bereits im Abschnitt „Instabilität des Knies" ausführlich erklärt.

Für ein gezieltes Stabilisierungstape im Bereich des Knies und dessen Bänder benötigt man vier schmale I-Tapes mit abgerundeten Ecken. Für alle vier Tapestreifen wird die Stabilisierungstechnik mit der Inside-Out-Technik genutzt.

Tipp: Es ist hilfreich, die Oberschenkelinnenseite vor dem Tapen etwas mit Babypuder abzureiben und mit einem Mikrofasertuch nachzuwischen. Der Bereich hat nämlich deutlich weniger Fell, aber dafür einen höheren Hautfettanteil, um eine Isolationsschicht zu schaffen. Durch das Babypuder und das Mikrofasertuch wird der

Hautfettanteil deutlich reduziert und das Tape haftet dadurch besser.

Beim ersten Tapestreifen die Trägerfolie mittig einreißen und bis auf beide Enden entfernen. Diesen Wirkungsbereich auf leicht- bis mittelgradige Spannung bringen und diagonal auf dem Kniegelenkspalt aufbringen. Diesen Bereich des Tapes *sofort* mit der freien Hand oder von einem Helfer mit den Händen fixieren lassen, um den primären Recoil zu unterdrücken.

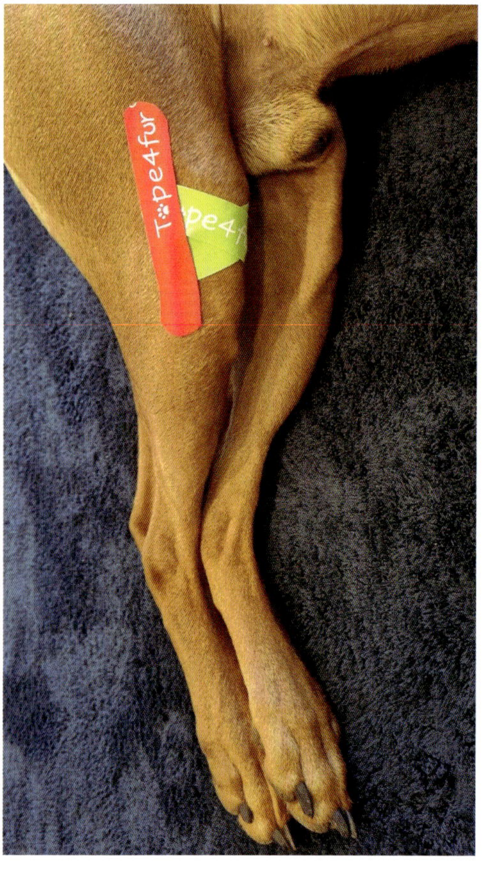

Während der Mittelbereich fixiert wird, beide Enden des Tapestreifens spannungsfrei und mit Back-up aufkleben. Danach kann man die Fixierung des Wirkungsbereiches wieder lösen.

Alle weiteren Tapestreifen werden mit derselben Vorgehensweise unter Fixierung des Wirkungsbereiches appliziert.

Der zweite Tapestreifen wird ebenso diagonal über dem Kniegelenkspalt aufgebracht, aber in die andere Richtung gekippt. Dadurch entsteht ein liegendes „X" auf dem Kniegelenkspalt. Der dritte und der vierte Tapestreifen werden an der Beinaußenseite und der Beininnenseite (hier im Foto leider nicht sichtbar) in Höhe des Kniegelenkspaltes senkrecht aufgeklebt.

Durch die Unterdrückung des Recoils und das Erhalten der Spannung im Tapestreifen gibt man dem Gelenk und den Bändern mehr Stabilität.

Hinweis: Diese Technik funktioniert leider nur bei kurzhaarigen Hunden! Bei langhaarigen kann man den Recoil nicht unterdrücken. Die langen Haare werden sich einfach in sich verdrehen und dem Recoil nachgeben.

Stabilisierungstape für das Kniegelenk und Kniebänder

KNIEFASZIE

Von Faszien im Allgemeinen war bereits im Abschnitt „Fasziale Probleme" die Rede. Auch wenn es jeden Körperbereich und jeden Faszienabschnitt betreffen kann, gibt es doch Bereiche, die eher zu faszialen Verklebungen, Verspannungen oder Verquellungen neigen als andere. Dazu gehört unter anderem die Kniefaszie.

Warum das so ist, lässt sich zum einen darauf zurückführen, dass es hier einen sehr großflächigen Faszienbereich gibt. So ist der Muskel, der für den größten Teil der Hüftbeugung zuständig ist (M. tensor fascia latae), eng mit der großflächigen und kräftigen Faszie des Oberschenkels (Fascia Lata) verbunden.

Ein weiterer Grund für Probleme im Bereich der Kniefaszie stammt mit Sicherheit aus dem großen Bewegungsradius der Hintergliedmaße mit der Beugung von Hüft-, Knie- und Sprunggelenk, den die Kniefaszie kompensieren und ausgleichen muss.

Eine entscheidende Ursache sind außerdem die verschiedenen Krankheitsanfälligkeiten im Bereich der Hinterhand. Von Hüftgelenksarthrose über Femurkopfnekrose und Patellaluxation bis hin zu Kreuzbandproblemen muss hier die Faszie einfach viel zu viel unterstützend arbeiten, um die zusätzliche Belastung zu kompensieren.

Wie bereits im allgemeinen Abschnitt über Faszien beschrieben, gibt es hier leider nicht die eine Tapinganlage für Faszien. Mit der Zopftechnik, der Verwringungstechnik sowie der Spannungs- oder Vibrationstechnik hat man verschiedene Möglichkeiten, mit denen man die Faszie unterstützen kann. Die genauen Beschreibungen finden sich in Kapitel 2.

Bei sehr großen Hunden ist die Zopftechnik besser geeignet, bei sehr kleinen Hunden eher die Verwringungstechnik.

Womit man aber in vielen Fällen sehr gut die Kniefaszie unterstützen kann, ist die Vibrationstechnik im Zuschnitt eines Fächertapes.

Zuerst die Trägerfolie zwischen der geschlossenen Basis und den Tapefingern einreißen und umknicken, dann von der Basis komplett entfernen und diese spannungsfrei auf dem Hüfthocker applizieren. Nun nimmt man am besten den vordersten Tapefinger. Während man ihn auf leichte Spannung bringt, fühlt man sich mit der anderen Hand durch das Tape, das Fell und oberste Hautschicht hindurch in die Faszienschicht ein und bringt diese mit schneller Frequenz und leichtem Druck im Gewebe zum Vibrieren. Mit dieser Vibration fährt man auf dem Tapefinger entlang in Richtung Knie. Das sekundäre Ende wird dort spannungsfrei und ohne Vibration aufgebracht.

Mit den anderen Tapefingern verfährt man genauso und spreizt diese dabei großflächig auf dem Kniefaszienbereich auf.

Vibration ist auch in der manuellen Faszientherapie eine sehr gute Methode, um die Faszie wieder zu mobilisieren. Bei der Vibrationstechnik wird gleichzeitig die Faszie angeregt und getapet.

Faszientape in Fächerform für die Kniefaszie

KREUZBANDRISS

Kreuzbandriss ist eine Diagnose, die kein Hundebesitzer gerne hören möchte. Der Heilungsprozess ist oft langwierig, egal ob mit oder ohne Operation. Und in vielen Fällen wird dann das betroffene Bein so lange geschont, bis das andere Bein auch in Mitleidenschaft gezogen ist.

Ursache für eine Kreuzbandverletzung sind in vielen Fällen häufiges Springen, aber auch Schleudern, Drehen oder plötzliches, abruptes Wenden. Auch Übergewicht wirkt sich negativ auf die Kreuzbänder aus, da diese dadurch viel stärker belastet werden. Aber auch altersbedingter Verschleiß macht die Situation nicht besser.

Möchte man der Gliedmaße generell mehr Halt geben, empfiehlt sich auch hier das Knieschlingentape.

Dazu benötigt man ein I-Tape mit abgerundeten Ecken, das mit der End-to-End-Technik aufgebracht wird. Gemessen wird dabei von der Mitte des Oberschenkels beginnend, einmal um den Kniegelenkspalt und die Kniekehle herum und wieder zum Ausgangspunkt zurück.

Ungefähr 2 – 3 cm von der Trägerfolie an einem Ende des Tapestreifens entfernen und diese primäre Basis spannungsfrei mittig auf dem Oberschenkel aufbringen. Diese Anfangsbasis bereits schräg vorwärts abwärts in Richtung Kniegelenkspalt ausrichten. Seitlich am Oberschenkel die Trägerfolie mit der Spannung aufkleben, mit der das Tape von der Trägerfolie kommt (Off-Paper-Stretch). Vorne um den Kniegelenkspalt wird das Tape mit mittelgradiger Spannung appliziert, an der Oberschenkelinnenseite dann wieder mit dem Off-Paper-Stretch. Hinten um die Kniekehle dann erneut mit mittelgradiger Spannung und an der Außenseite des Oberschenkels

Knieschlingentapes kann man bei Kreuzbandproblemen des Knies nutzen.

wieder mit der Off-Paper-Spannung arbeiten. Das sekundäre Ende wird wie immer spannungsfrei geklebt und überlappend auf der primären Basis aufgebracht.

Durch dieses geschlossene System und die vermehrte Spannung im Bereich von Kniegelenk und Kniekehle erhält der Hund eine Art „Aufhängung" für die Gliedmaße, was ihm mehr Halt und Stabilität gibt.

Wenn man gezielt die Kreuzbänder unterstützen möchte, ist ein direktes Stabilisierungstape in diesem Bereich noch besser. Die Beschreibung findet sich im Abschnitt „Kniebänder". Diese Tapinganlage stabilisiert nicht nur die seitlichen Bänder, sondern natürlich auch die Kreuzbänder. Allerdings ist sie nur für kurzhaarige Hunde geeignet. Bei langhaarigen Hunden nutzt man definitiv das Knieschlingentape.

MAGENPROBLEME

Magenprobleme sind auch bei Hunden nicht selten und können vielfältiger Art sein. Nach tierärztlicher Abklärung kann man unterstützend zur eigentlichen Behandlung den Magen mit einem Dermatomtape für das Magendermatom zusätzlich stimulieren.

Dermatome sind oberflächliche Hautareale, die über Nervenverbindungen mit innenliegenden Organen verbunden sind. Stimuliert man also das betreffende Hautareal mit dem kinesiologischen Tape, wird darüber reflektorisch über die Nervenbahnen auch das gekoppelte Organ mitstimuliert. Das Dermatom findet sich auf beiden Seiten des Rumpfes und muss daher auch auf beiden Seiten getapet werden.

Das Magendermatom liegt beim Hund zwischen dem 7. und 13. Brustwirbel. Also von der Hinterkante des Schulterblattes bis zur letzten Rippe. Sollte man sich nicht ganz sicher sein, kann man die Tapinganlage im Zweifelsfall auch gerne etwas größer anlegen.

Für diese Tapinganlage benötigt man mehrere lange I-Tapes mit abgerundeten Ecken, die alle mit der End-to-End-Technik aufgeklebt werden.

Man setzt in Höhe des 7. Brustwirbels, hinter dem Schulterblatt an. Ungefähr 2 – 3 cm von der Trägerfolie an einem Ende des ersten Tapestreifens entfernen und diese primäre Basis spannungsfrei und mit Back-up mittig in der Rückenmuskulatur aufbringen. Mit der Spannung, mit der das Tape von der Trägerfolie kommt, bringt man den Wirkungsbereich senkrecht, gerade herunter bis zur Bauchmittellinie hin auf. Dort

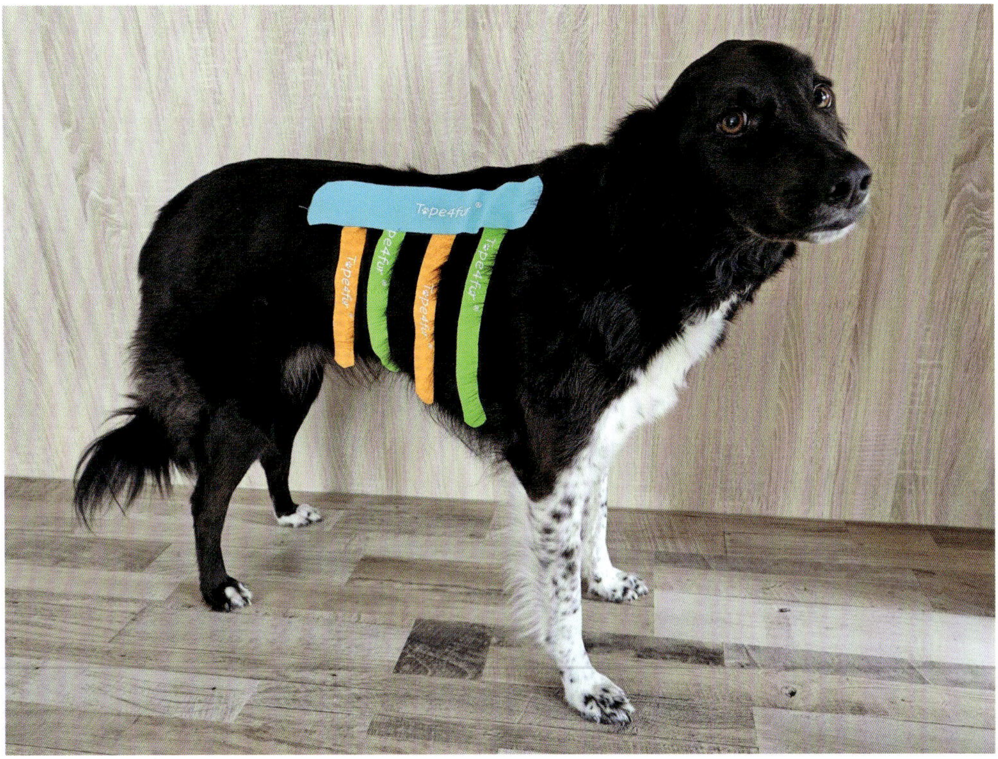

Dermatomtape für das Magendermatom vom 7. bis zum 13. Brustwirbel

appliziert man die sekundäre Basis spannungsfrei und mit Back-up.

Dann lässt man eine Tapebreite frei und klebt den nächsten Tapestreifen genauso und parallel zum ersten. Je nach Größe des Tieres werden ca. 3 – 4 Tapestreifen auf einer Seite des Rumpfes benötigt. Der hinterste Tapestreifen sollte die letzte Rippe noch abdecken.

Um ein geschlossenes System über den gesamten Dermatombereich zu erhalten, werden nun noch die primären Basen alle mit einem weiteren Tapestreifen verbunden. Auch dieser wird mit der End-to-End-Technik geklebt. Die primäre Basis am vordersten, senkrechten Tapestreifen (oder kurz davor) spannungsfrei aufbringen. Dann mit der Spannung, mit der das Tape von der Trägerfolie kommt, entlang der Rückenmuskulatur bis zum hintersten Tapestreifen aufkleben. Die sekundäre Basis dann wieder spannungsfrei und mit Back-up tapen.

Das Ganze wird auf der gegenüberliegenden Körperseite genauso identisch getapet.

MENISKUSSCHADEN

Ähnlich wie beim Kreuzbandriss sind auch Meniskusschäden, -risse und -probleme Erkrankungen, die leider viel zu häufig bei Hunden vorkommen.

Oftmals gehen sie sogar mit dem Kreuzbandriss einher. Studien haben gezeigt, dass 50 % der Meniskusverletzungen in Zusammenhang mit einem Kreuzbandriss diagnostiziert werden: Durch die so entstandene Instabilität des Knies wird der Meniskus in der Bewegung einer erhöhten mechanischen und physikalischen Belastung ausgesetzt, wodurch es infolge zu den Meniskusschäden kommt. Insofern sind Meniskusverletzungen genauso zu tapen wie Kreuzbandrisse!

Für eine allgemeine Stabilisierung des Knies empfiehlt sich ein Knieschlingentape, wie im Abschnitt „Kreuzbandriss" ausführlich beschrieben.

Für eine gezieltere Stabilisierung des Knies sollte ein Stabilisierungstape geklebt werden. Die genaue Beschreibung dafür findet sich im Abschnitt „Kniebänder".

MUSKELFASERRISS

Der ein oder andere Hundebesitzer eines kurzhaarigen Hundes hat bestimmt schon einmal eine kleine „Delle" in der Muskulatur bemerkt. Dabei handelt es sich um eine Verletzung innerhalb der Fasern eines Muskels, die nicht korrekt verheilt ist. Bei langhaarigen Hunden fällt es optisch meistens gar nicht auf. Erst beim Streicheln fühlt man oft die leichte „Kuhle" oder Vertiefung.

Diese Muskelfaserrisse entstehen häufig durch Bissverletzungen oder massive Traumata mit gravierenden Muskelzerrungen. Die Muskelfasern verheilen danach nicht so schön und die Delle bleibt im Gewebe zurück. In den meisten Fällen sind sie auch gar nicht weiter schlimm, da die benachbarten Muskelfasern die Funktion mit übernehmen.

Bei einem ausgeprägten Befund und wenn es dem Hund Probleme bereitet, kann man hier mit einem Sterntape arbeiten. Bei kleineren Befunden bzw. bei kleinen Hunden sind Gittertapes definitiv die bessere und auch einfachere Tapingmöglichkeit.

Sterntape:

Bei größeren „Dellen“ und größeren Hunden ist das Sterntape die bessere Wahl. Hierfür benötigt man vier gleich lange I-Tapes mit abgerundeten Ecken. Die Tapestreifen müssen so lang sein, dass der Wirkungsbereich die Senke abdeckt und die Basen außerhalb der Vertiefung liegen.

Alle vier I-Tapes werden mit der Inside-Out-Technik appliziert: Trägerfolie mittig einreißen, Wirkungsbereich über der Vertiefung zentrieren, mit mittelgradiger Spannung aufkleben und dann die Enden beidseits spannungsfrei applizieren. Der zweite Tapestreifen wird mit geringgradiger Spannung im rechten Winkel dazu appliziert. Den dritten ebenfalls mit geringgradiger Spannung schräg aufkleben und den vierten Streifen so, dass er gerade noch gespannt ist, schräg in die entgegengesetzte Richtung tapen.

Durch die Überlagerung der vier Tapestreifen über der „Delle“ potenziert sich in diesem Bereich der Anhebe-Effekt. So hat man einen sehr großen Raumgewinn und regt auch vermehrt die Durchblutung an. Dies bringt Sauerstoff, Nährstoffe und Mineralstoffe mit sich – alles, was die Zellen zur Regeneration brauchen.

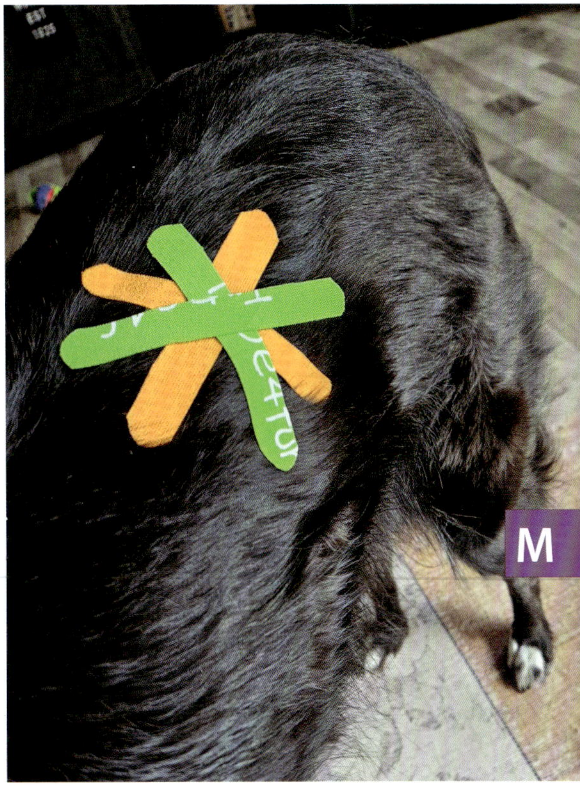

Eine mögliche Tapinganlage bei einem Muskelfaserriss ist das Sterntape.

M

Gittertapes:

Wenn die Muskelfaserrisse sehr klein sind oder in einem Bereich liegen, der anatomisch nicht gut zugänglich ist, kann man sich auch mit Gittertapes behelfen.

Die Gittertapes vorsichtig mit den Fingern oder einer Kunststoffpinzette von der Trägerfolie abziehen, über sowie um den

Auch Gittertapes können helfen die geschädigten Muskelfasern zu stimulieren.

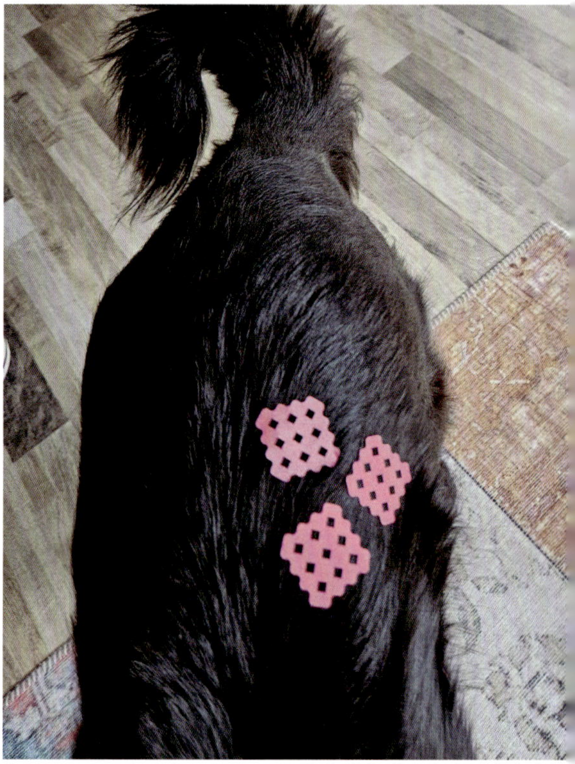

Bereich des Muskelfaserrisses entlangführen und überall da aufbringen, wo sie sich von allein an das Fell heranziehen.

Narbentape:

Eine weitere Variante wäre eventuell auch ein Narbentape. Ja, richtig gelesen! Es kann auch bei einem Muskelfaserriss helfen, denn dieser ist nichts anderes als eine Narbe innerhalb des Muskels. Allerdings haben Muskelfaserrisse bei einem Hund keine so große Ausdehnung, weshalb ein Narbentape eine sehr aufwändige Angelegenheit wäre. Daher empfehlen sich eher die beiden zuvor genannten Möglichkeiten.

NARBEN

Narben sind in vielen Fällen Störfelder. Entweder behindern sie den Energiefluss oder je nach Lage auch den Bewegungsradius, wenn das Narbengewebe sehr starr und unelastisch ist und dann auch noch auf einem Gelenk liegt.

Es war bereits in den Abschnitten „Kastrationsnarbe“ und auch „Muskelfaserriss“ vom Narbentaping die Rede. Wie man ein Narbentape klebt, ist unabhängig davon, ob es sich um eine glatte Operationsnarbe oder eine unregelmäßige Narbe einer von selbst verheilten Wunde handelt. *Wichtig ist immer, dass die Narbe von außen komplett verheilt und geschlossen ist.* Wenn die Wunde geklammert oder genäht war, muss beides zuvor auch wieder vom Tierarzt entfernt worden sein. Erst dann kann man mit dem Taping der Narbe beginnen.

Je frischer eine Narbe ist, desto schneller sieht man auch eine Verbesserung. Bei sehr alten Narben kann das mitunter auch schon einmal Monate dauern und vielfache Wiederholungen der Tapinganlage erfordern.

Narbentape (hier am Beispiel nach TPLO):

Für ein Narbentape benötigt man multiple I-Tapes (am besten in zwei verschiedenen Farben), deren Ecken ausnahmsweise mal nicht abgerundet sein müssen und die mit der Inside-Out-Technik auf die Narbe aufgeklebt werden.

Die Trägerfolie des ersten Tapestreifens mittig einreißen, von innen nach außen leicht dehnen und schräg auf einem Ende der Narbe aufbringen. Beide Enden des Streifens spannungsfrei tapen. Den zweiten Tapestreifen genauso aufkleben, aber schräg in die entgegengesetzte Richtung, sodass sich an diesem Ende der Narbe ein „X“ ergibt.

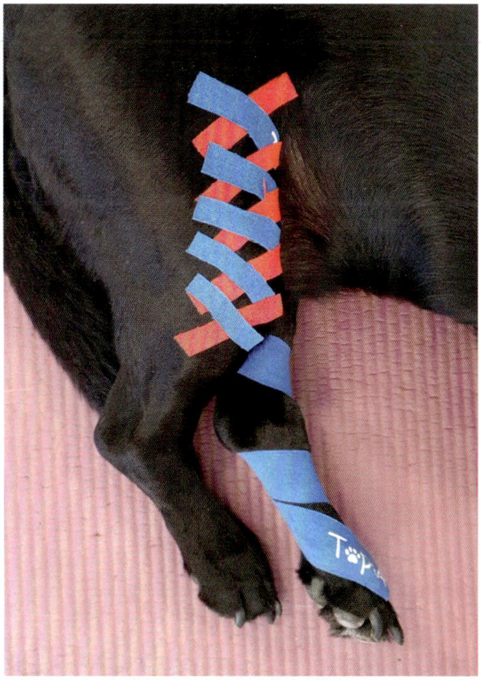

Narbentape nach einer Knieoperation – die Wunde muss von außen abgeheilt sein.

N

Entlang der Narbe bringt man bis zu ihrem Ende immer weiter diese „X“ auf. Das Ganze sieht dann fertig aus wie ein Gitterzaun. Durch die vielen kleinen Tapestreifen erfährt das starre Narbengewebe ganz viele Impulse aus verschiedenen Richtungen, was dabei hilft, das Gewebe wieder zu mobilisieren.

Die beiden unterschiedlichen Farben sind hilfreich, damit man immer bei dem X-Muster bleibt und nicht irgendwann vor lauter Tapestreifen die Richtung verliert. Bei zwei unterschiedlichen Farben fällt es nämlich sofort auf, wenn das Muster nicht mehr stimmt! Man kann sich einfach merken, dass die gleiche Farbe immer parallel zueinander liegen muss wie hier im Bild – immer blau parallel zu blau und rot immer parallel zu rot.

Man könnte die Tapestreifen auch dicht an dicht aufkleben, aber da das Gewebe rund um die Narbe Platz braucht, um nachgeben und „arbeiten“ zu können, wäre dies nicht so optimal. Besser lässt man, wie hier im Bild zu sehen, immer ein bisschen Abstand zwischen den Tapestreifen und gibt somit dem Gewebe etwas Platz.

Das Narbentape wird mit „Pseudonankern“ gesichert und unterstützt. Das blaue Tape an der gegenüberliegenden linken Hinterpfote hat nichts mit dem Narbentape zu tun!

Da die Enden der kleinen Tapestreifen ja nicht abgerundet wurden, wird nun auf beiden Seiten des Narbentapes parallel zur Narbe jeweils ein „Pseudoanker“ aufgebracht. Pseudoanker heißt er deshalb, weil er zwar die eckigen Enden der kleinen Tapestreifen abdeckt und damit sichert, aber ausnahmsweise mit leichter Spannung aufgebracht wird. Dadurch erfährt die Narbe zusätzlich einen leichten Impuls in der Parallelrichtung.

Für die Pseudoanker benötigt man zwei I-Tapes mit abgerundeten Ecken, die ebenfalls mit der Inside-Out-Technik aufgebracht werden. Den Tapestreifen mittig einreißen, von innen nach außen dehnen und an der einen Seite des Narbentapes aufbringen, sodass die Enden alle abgedeckt sind. Die Enden des Pseudoankers spannungsfrei und mit Back-up tapen. Mit dem zweiten Pseudoanker genauso an der anderen Seite des Narbentapes verfahren.

Gittertapes:

Bei sehr kleinen oder punktuellen Narben, z. B. nach einem endoskopischen Eingriff oder auch wenn die Narbe in einem anatomisch schlecht zugänglichen Bereich liegt, sind Gittertapes die bessere Alternative.

Gittertapes vorsichtig mit den Fingern oder einer Kunststoffpinzette von der Trägerfolie abziehen, dicht am Fell entlang über den Bereich der Narbe führen und überall da aufbringen, wo sie sich von alleine an das Fell heranziehen. Das kann mitunter auch mal neben der Narbe sein, wenn dort die größere Störung im Gewebe vorliegt!

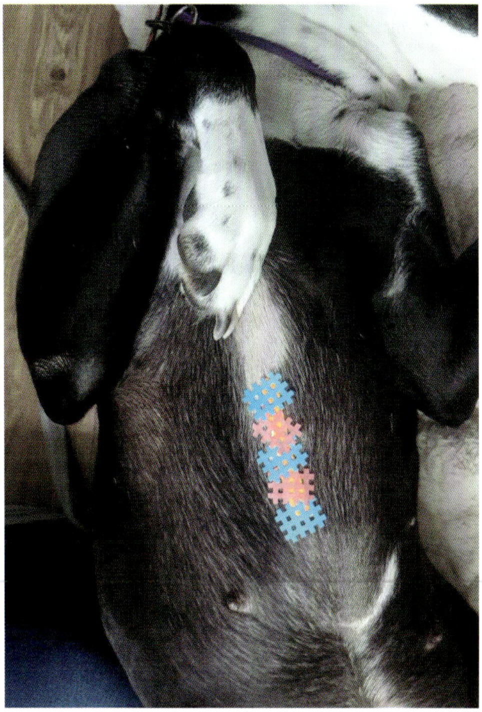

Alternativ zum klassischen Narbentape kann man auch Gittertapes nutzen.

N

O-BEINIGKEIT

Bei der O-Beinigkeit handelt es sich um eine Achsfehlstellung, die in der Vordergliedmaße meist schon aus dem Buggelenk kommt und in der Hintergliedmaße den Ausgangspunkt im Hüftgelenk hat.

Diese Stellung ist bei einigen Rassen häufig zuchtbedingt, zum Beispiel bei der Englischen Bulldogge oder auch dem Mops. Solange sie dem Hund keine Probleme bereitet, sollte man auch nicht unbedingt mit dem Tape eingreifen.

Ist die O-Beinigkeit allerdings extrem ausgeprägt oder bereitet dem Hund im zunehmenden Alter Probleme, ist über eine Tapinganlage nachzudenken. Diese kann die Fehlstellung zwar dann nicht mehr beheben (das ist nur im Wachstum möglich), aber dennoch etwas Entlastung schaffen. Bei Hunden, die aus schlechter Haltung oder schlechten Bedingungen aus dem Ausland kommen oder solchen, die schlecht verheilte Verletzungen an den Gliedmaßen haben und deshalb in die O-Beinigkeit geraten, ist auf jeden Fall neben ganz viel Physiotherapie die Unterstützung mit dem Tape sinnvoll.

Hier nutzt man zwei einfache I-Tapes mit abgerundeten Ecken, die mit der End-to-End-Technik als Korrekturtape aufgebracht werden.

Hintergliedmaße:

Hier sind die äußeren, seitlichen Strukturen überdehnt. Um diese in der Kontraktion zu unterstützen, wird ein Streifen von oben nach unten angebracht (hier im Bild schwarz). Etwa 2 – 3 cm von einem Ende des Tapestreifens die Trägerfolie entfernen und diese primäre Basis spannungsfrei auf

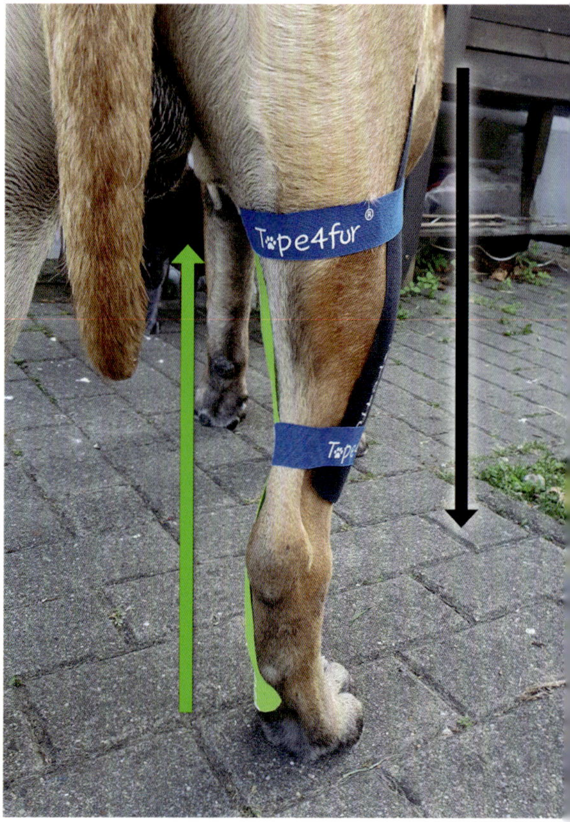

Korrekturtapes bei O-Beinigkeit der Hintergliedmaße

der Außenseite mittig in Höhe des Oberschenkels aufbringen. Den Wirkungsbereich dann mit leicht- bis mittelgradiger Spannung an der Außenseite gerade nach unten in Richtung Sprunggelenk bzw. Pfote applizieren. Das sekundäre Ende wird wiederum spannungsfrei aufgebracht. Je ausgeprägter die O-Beinigkeit ist, desto weiter sollte der Tapestreifen nach unten reichen und ggf. bis zur Pfotenaußenseite gehen. Durch den Recoil des Tapes zur primären Basis wird eine Korrektur in die gewünschte Richtung angeregt.

Eine zusätzliche Möglichkeit zur Unterstützung mit dem Tape wäre ein gegenläufiges Korrekturtape an der Beininnenseite, da dort die Strukturen alle etwas verkürzt sind. Dieses würde dann auch mit der End-to-End-Technik von der Pfote nach oben bis in Höhe des Knies getapet. Primäre Basis spannungsfrei an der Innenseite der Pfote aufkleben und dann gerade nach oben den Wirkungsbereich kleben; die sekundäre Basis spannungsfrei in Kniehöhe aufbringen. Durch den Recoil zur primären Basis an den Pfoten unterstützt man die Dehnung der verkürzten Strukturen.

Achtung: An der Oberschenkelinnenseite befindet sich sehr wenig Fell, weshalb viele Hunde dort auch sehr empfindlich sind. Das Tape dort nach ein paar Tagen wieder zu entfernen ist den meisten Hunden sehr unangenehm, wenn nicht sogar schmerzhaft. Deshalb sollte man wirklich von Hund zu Hund abwägen, ob man diesen zweiten Tapestreifen kleben möchte oder nicht.

Wenn man sich für das Tapen der Beininnenseite entscheidet, ist auch zu berücksichtigen, dass dort der Hautfettanteil meist deutlich höher ist. Wegen des spärlichen Fells braucht das Tier ja trotzdem eine Isolationsschicht, und dies übernimmt das Hautfett. Leider führt das aber dazu, dass das Tape meistens nicht so gut haftet. Hier sollte man auf jeden Fall den Bereich vor dem Aufbringen des Tapes gut mit Babypuder und einem Mikrofasertuch etwas entfetten. Dann haftet das Tape deutlich besser.

Wegen des großen Bewegungsradius der Hintergliedmaße sollte man das Korrekturtape mit Querankern sichern.

Vordergliedmaße:

Hier verhält es sich ähnlich wie an den Hintergliedmaßen: Die äußeren Strukturen sind aufgrund der Fehlstellung überdehnt und die inneren Strukturen verkürzt. Insofern ist auch die Tapinganlage identisch:

An der Außenseite der Gliedmaße von oberhalb des Ellenbogens bis zur Pfote tapen und auf der Innenseite von der Pfote bis unterhalb des Ellenbogens. Hier kann man auch problemlos beide Tapestreifen kleben, da die Innenseite der Vordergliedmaße deutlich stärker mit Fell bewachsen ist als an der Hintergliedmaße. Auch an den Vordergliedmaßen sollte man das Ganze mit spannungsfreien Querankern sichern.

OSTEOCHONDROSE DER WIRBELSÄULE

Bei der Osteochondrose handelt es sich um verschleißbedingte, degenerative Veränderungen der Bandscheiben und des Knorpels sowie der Knochen der angrenzenden Wirbelkörper. Die Bandscheibe verliert ihre Elastizität und dadurch auch ihre Fähigkeit, als Puffer zwischen den Wirbeln zu fungieren.

Begleitende Symptome können sein: Rückenschmerzen und -verspannungen, ausstrahlende Schmerzen in die Extremitäten mit Taubheit und Lahmheit, Ruheschmerzen, Morgensteifigkeit, Knochen- und Muskelschmerzen.

Hier nutzt man am besten das „Strickleiter"-Tape – eine Kombination aus einfachen Dekompressionstapes für die Wirbelsegmente und entspannenden Muskeltapes für die verspannte Rückenmuskulatur. Die genaue Beschreibung dafür findet sich im Abschnitt „Bambuswirbelsäule".

OSTEOCHONDROSE DISSECANS (OCD) DER GELENKE

Bei der OCD handelt es sich um eine genetisch bedingte Krankheit, bei der es zu einer Störung im Verknöcherungsprozess der Gelenke während des Wachstums kommt. Dies führt zur Bildung kleiner Knorpelschuppen bzw. -chips, die sich vom Gelenkknorpel ablösen. Je nach Lage

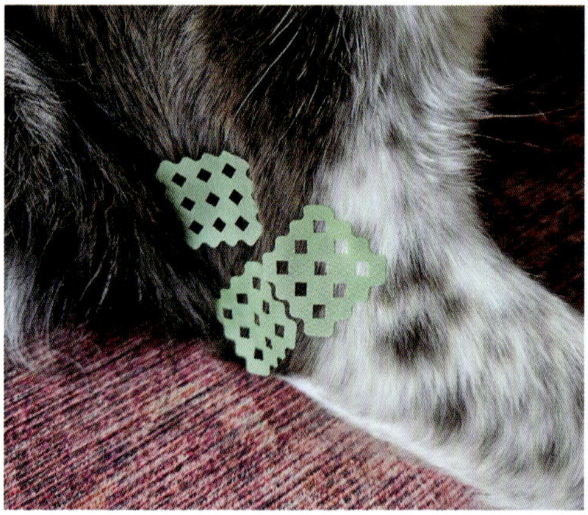

Für kleine Körperbereiche wie den Ellenbogen sind Gittertapes ideal.

können sie massive Probleme bereiten und müssen operativ entfernt werden. Am häufigsten findet sich diese Problematik bei Hunden am Ellenbogengelenk.

Präventiv (oder auch postoperativ) kann man den betroffenen Ellenbogenbereich mit Gittertapes behandeln. Diese vorsichtig mit den Fingern oder einer Kunststoffpinzette von der Trägerfolie abziehen, dicht am Fell entlang über den Bereich des Ellenbogens führen und überall da aufbringen, wo sie sich von allein an das Fell heranziehen.

PATELLALUXATION

Die Kniescheibe (Patella) ist in die Endsehne des vierköpfigen Oberschenkelmuskels (M. quadriceps femoris) eingebettet. Beim Beugen oder Strecken des Knies gleitet sie durch eine Führungsrinne am Oberschenkelknochen. Bei der Luxation rutscht sie aus eben dieser Führungsrinne heraus und es kommt zu einer seitlichen Verlagerung der Kniescheibe.

Ursachen können sein: angeborene Achsfehlstellungen der Gliedmaße; genetische Veranlagung; schwache oder unterentwickelte Muskulatur der Gliedmaße; Verletzungen; Traumata; Verschleiß und / oder Übergewicht.

Am häufigsten ist in der Praxis tatsächlich die genetische Veranlagung – sie betrifft meistens kleine Hunde wie etwa Jack Russell Terrier, Chihuahua, Zwergpudel oder Zwergpinscher. Dabei luxiert die Patella beim Hund in 90 % aller Fälle nach medial, zur Beininnenseite, und man unterscheidet vier Grade der Patellaluxation.

Grad I:

Ganz selten auftretende Lahmheit, die Patella luxiert und gleitet von allein wieder zurück in die richtige Position – dies ist die häufigste Form.

Grad II:

Häufige spontane Luxationen der Patella, die Streckung des Knies wird häufig vermieden. Es besteht eine leichte Instabilität des Knies und im Röntgenbild zeigen sich meistens Fehlstellungen von Oberschenkel zu Unterschenkel.

Grad III:

Deutliche Instabilität, die luxierte Patella lässt sich manuell richten, springt aber sofort wieder aus der Führungsrinne. Die betroffene Gliedmaße wird meist getragen und nicht belastet. Sind beide Hinterbeine betroffen, zeigt sich ein Gang mit sehr kurzen Schritten und gebeugtem Knie.

Grad IV:

Die luxierte Patella lässt sich manuell nicht mehr richten. Die betroffene Gliedmaße kann nicht mehr gebeugt oder belastet werden.

Bereits ab einer Grad II – Luxation kann eine chirurgische Kürzung der Kniebänder sinnvoll sein.

Bei einer physiotherapeutischen Behandlung ist vor allem eine Stabilisierung der Patella mit kinesiologischem Tape in Betracht zu ziehen. Dabei werden die Tapestreifen so um die Kniescheibe herum angebracht, dass diese in ihrer Position gehalten und eine Luxation verringert wird.

Hierfür benötigt man vier schmale I-Tapes mit abgerundeten Ecken. Für alle vier Tapestreifen wird die Stabilisierungstechnik mit der Inside-Out-Technik genutzt.

Bei kurzhaarigen Hunden ist es hilfreich, die Oberschenkelinnenseite vor dem Tapen gründlich mit Babypuder abzureiben und mit einem Mikrofasertuch nachzuwischen. Dieser Bereich hat bei kurzhaarigen Hunden nämlich oftmals einen deutlich höheren Hautfettanteil, der die Haftung des Tapes beeinträchtigt. Puder und Mikrofasertuch verbessern die Haftfähigkeit in diesem Fall.

Beim ersten Tapestreifen die Trägerfolie mittig einreißen und bis auf beide Enden entfernen. Diesen Wirkungsbereich auf leicht- bis mittelgradige Spannung bringen und horizontal oberhalb der Patella aufbringen. Diesen aufgeklebten Bereich sofort mit der freien Hand oder von einem Helfer mit den Händen fixieren lassen, um den primären Recoil zu unterdrücken. Während der Mittelbereich so fixiert wird, beide Enden des Tapestreifens spannungsfrei und mit Back-up aufkleben. Danach kann man die Fixierung des Wirkungsbereiches wieder lösen.

Alle weiteren Tapestreifen werden mit der gleichen Vorgehensweise unter Fixierung des Wirkungsbereiches appliziert.

Hinweis: Diese Technik funktioniert leider nur bei kurzhaarigen Hunden! Bei langhaarigen kann man den Recoil nicht unterdrücken. Die langen Haare werden sich einfach in sich verdrehen und dem Recoil nachgeben.

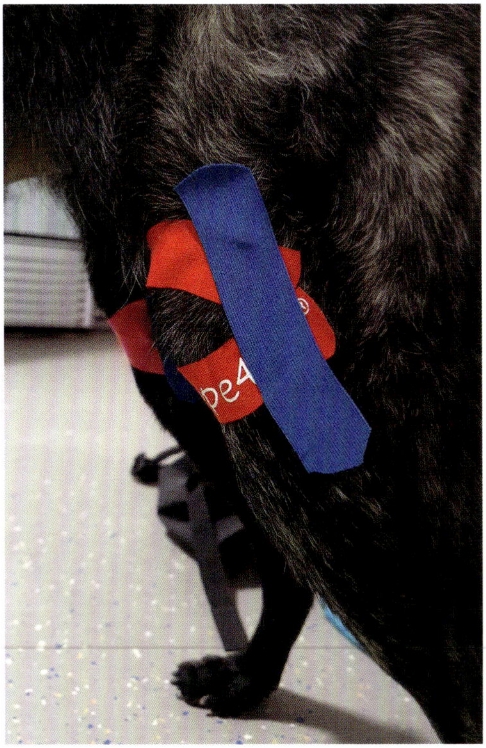

Stabilisierungstape für die Kniescheibe bei Patellaluxation

Der zweite Tapestreifen wird ebenfalls horizontal aufgebracht, jedoch unterhalb der Patella. Der dritte und vierte Tapestreifen werden dann an der Beinaußen- und -innenseite senkrecht neben der Kniescheibe aufgeklebt.

Dadurch ist die Patella von allen vier Seiten begrenzt und stabilisiert und kann nicht mehr so leicht verrutschen.

Da meistens sehr kleine Hunde von der Patellaluxation betroffen sind, ist die Tapinganlage mitunter sehr mühsam anzubringen. Wem das zu aufwendig ist, kann sich alternativ auch mit einem Knieschlingentape behelfen. Auch dieses stabilisiert das Knie und die ganze Gliedmaße, ist aber nicht ganz so spezifisch wie das hier beschriebene Stabilisierungstape. Eine ausführliche Anleitung für das Knieschlingentape findet sich im Abschnitt „Instabilität des Knies".

PLATTFÜẞE (SPREIZFUẞ / DURCHTRITTIGKEIT)

Nicht nur Herrchen oder Frauchen können Plattfüße haben, sondern auch unsere Hunde. Man spricht von einer Platt- oder Spreizpfote, wenn die Winkelung der Zehen abgeflacht ist und die Pfote dadurch breiter wird. Die Pfote liegt viel flacher auf dem Boden auf. Dadurch zeigen die Krallen nicht mehr nach unten, sondern eher gerade nach vorn – so können sie sich nicht mehr normal ablaufen und sind folglich meistens zu lang.

Ursache dafür ist häufig eine sogenannte Durchtrittigkeit, bei der durch Bänderinstabilitäten und schwaches Bindegewebe das Karpalgelenk weiter in Richtung Boden durchgedrückt („durchgetreten") wird als normal. Es entsteht ein flacherer Winkel und damit eine höhere Druckbelastung der Pfote.

In den meisten Fällen ist dies angeboren und wird vererbt. Es betrifft vorwiegend sehr große Hunde, wie z. B. Schäferhunde, Sennenhunde, Bernhardiner und auch Neufundländer. Zusätzlich zu der bestehenden Problematik ist das hohe Gewicht dieser Hunde in dem Fall nicht förderlich für eine bessere Pfotenstellung.

Folge dieser Fehlstellung sind über kurz oder lang vermehrter Verschleiß der Zehengelenke und arthrotische Veränderungen.

Gittertapes

Und wie tapet man Bänder an den Pfoten bzw. Zehen, die selbst bei einem großen Bernhardiner trotzdem immer noch sehr klein sind? Am besten bringt man oben und seitlich auf den Pfoten Gittertapes auf, denn mit dem Rollentape wird die Tapinganlage einfach zu winzig.

Die Gittertapes vorsichtig mit den Fingern oder einer Kunststoffpinzette von der Trägerfolie abziehen, dicht an der betroffenen Pfote entlangführen und überall da aufbringen, wo sie sich von allein an das Fell heranziehen.

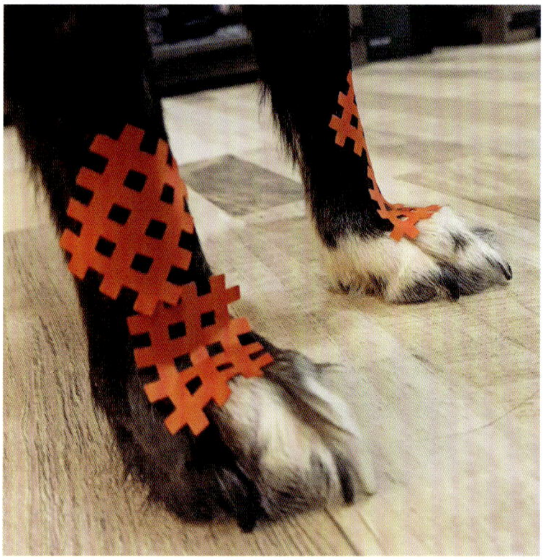

Sanfte Stimulation der überstrapazierten Zehengelenke mit Gittertapes

Sehnentape

Es gibt aber noch eine Tapinganlage, die man unterstützend einsetzen kann: Im Falle der Plattpfote kommt es in der Folge auch zu einer konstanten Überdehnung der Beugesehnen. Deshalb kann man unterstützend ein Muskel-Sehnen-Tape für diesen Bereich anbringen.

Man benötigt pro betroffener Pfote ein I-Tape mit abgerundeten Ecken, das mit der End-to-End-Technik aufgebracht wird.

Ca. 2 – 3 cm von der Trägerfolie an einem Ende entfernen und diese primäre Basis spannungsfrei auf der Rückseite der Gliedmaße so weit oben wie möglich aufbringen. Bei Hunden mit Fahnen auf der Beinrückseite sollte dies unterhalb der Fahnen liegen, bei kurzhaarigen Hunden ohne Fahnen sollte die Anfangsbasis in der Kniekehle liegen. Der Wirkungsbereich verläuft mit leichtgradiger Spannung auf der Beinrückseite senkrecht nach unten. Das sekundäre Ende wird dann wieder spannungsfrei geklebt und liegt noch oberhalb der Ballen.

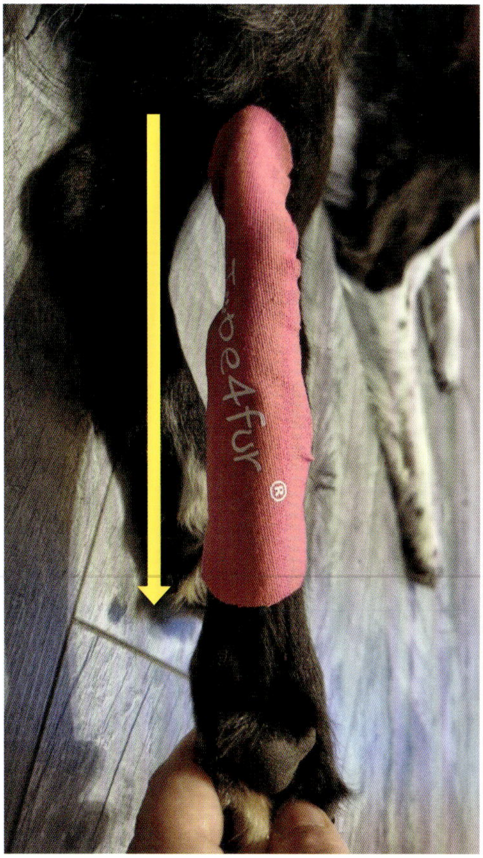

Sehnentape der Beugesehne, um der Überdehnung entgegenzuwirken

Bei Bedarf kann man die Anfangs- und Endbasis noch mit spannungsfreien Querankern sichern.

Durch den Recoil zur primären Basis ergibt sich eine leichte Zugrichtung in Richtung Rumpf, wodurch man der Überdehnung der Beugesehne entgegenwirkt.

P

ROLLBALLEN

Bei einem korrekt stehenden und laufenden Hund wird die ganze Pfote gleichmäßig belastet. Das Gewicht wird auf Sohlen- und Zehenballen verteilt und die Zehenballen sind von vorn und der Seite betrachtet nicht zu erkennen.

Bei Rollballen wird das Gewicht vermehrt nach hinten auf den Sohlenballen verlagert. Dadurch erscheinen die Zehenballen „hochgerollt“ und werden vorne und an der Seite sichtbar.

Über die Ursache für die Rollballen werden zwei Möglichkeiten diskutiert. Zum einen kann eine genetische, erblich bedingte Komponente vorliegen, bei der die Zehenpolsterung zu gering ist und der Hund dadurch keine gute Bodenhaftung hat. Zum anderen kann aber auch eine langfristige Schon- oder Fehlhaltung zugrunde liegen, die sich dann auf die Stellung und Belastung der Pfote auswirkt.

Als Folge der Rollballen kommt es zu einer Abflachung der Pfote: Die Zehen spreizen sich ab und die Pfote wird breiter, die Beugesehnen werden überdehnt und als Langzeitfolge kann es zu arthrotischen Veränderungen kommen.

Auch wenn Rollballen eine andere Ursache haben als die „Plattfüße“ aus dem vorangegangenen Abschnitt, sind die Folgen und Fehlbelastungen ähnlich. Insofern sind auch die genannten Tapinganlagen gleich: Gittertapes auf der Pfotenoberseite und ein Muskel-Sehnen-Tape für die Beugesehnen.

RÜCKENFASZIE

Faszien kommen überall im Körper vor und gehen meist fließend von einem Faszienbereich in den anderen über. Dennoch ist die thorako-lumbale Rückenfaszie als einer der größten faszialen Bereiche und aufgrund ihrer Lage besonders wichtig, denn sie wirkt sich auf viele andere Bereiche aus.

Eine Rückenfaszie, die vielleicht aufgrund von Schmerzen durch Spondylosen in der Wirbelsäule verklebt ist, kann aufgrund der Verbindungen in andere Bereiche auch Probleme in der Glutealfaszie und in der Kniefaszie verursachen oder in die Schulterfaszie ausstrahlen. Damit es erst gar nicht so weit kommt, sollte man der Rückenfaszie besondere Aufmerksamkeit schenken und sie gegebenenfalls mit einem Faszientape unterstützen.

Faszien im Allgemeinen sind bereits im Abschnitt „Fasziale Probleme" besprochen. Wie dort beschrieben, gibt es hier leider nicht *die* Tapinganlage für Faszien, aber man hat mit der Zopftechnik, der Verwringungstechnik sowie der Spannungs- oder Vibrationstechnik verschiedene Möglichkeiten, mit denen man die Faszie unterstützen kann. Die genauen Beschreibungen dieser Techniken finden sich in Kapitel 2.

Da der Rückenbereich doch relativ großflächig ist, zumindest, wenn es sich nicht gerade um einen Chihuahua oder Dackel handelt, sind die Zopf- und die Verwringungstechnik die besten Möglichkeiten, um die Rückenfaszie zu stimulieren.

Zopftechnik

Für die Zopftechnik benötigt man ein Fächertape mit drei Fingern oder ein V-Tape mit einem zusätzlichen I-Tape. Hier im Bild wurde diese zweite Möglichkeit gewählt. Unabhängig davon wird alles mit der End-to-End-Technik geklebt. Die Taperichtung des Zopfs geht immer in die Richtung, in die sich die Faszie besser verschieben lässt. Dadurch geht der Recoil des Tapezopfes in die eingeschränkte Richtung und unterstützt dadurch die Reorganisation und Mobilisierung der Faszie.

Es wird mit dem V-Tape begonnen. Die Trägerfolie an den Übergängen von Basis zu den Fingern einreißen und umknicken. Dann die Trägerfolie komplett von der Basis entfernen und spannungsfrei aufbringen. Mit einem der Finger beginnen und in einer großen Welle entlang des Befundes mit der Spannung aufbringen, mit dem das Tape von der Trägerfolie kommt. Mit dem anderen Tapefinger verfährt man genauso, nur dass man die Wellenform gegengleich aufklebt, sodass sich die Tapefinger an mehreren Stellen überkreuzen. Anschließend nimmt man das zusätzliche I-Tape und entfernt die Trägerfolie an einem Ende. Dieses wird spannungsfrei auf der primären Basis des V-Tapes aufgebracht. Der Wirkungsbereich wird mit der Spannung aufgeklebt, mit dem das Tape von der Trägerfolie kommt und verläuft direkt durch die Kreuzungspunkte des V-Tapes hindurch. Fertig ist der Tape-Zopf.

Die Enden der Tapefinger werden auch hier wie üblich spannungsfrei aufgeklebt.

Verwringungstechnik

Im Gegensatz zur Zopftechnik wird bei der Verwringung quer zur eigentlichen Einschränkung der Faszie getapet. Bei kleinen Hunden nutzt man einfache I-Tapes, bei einem großen Hund sind V-Tapes besser, da man durch das Aufspreizen der Finger mehr Fläche abdecken kann.

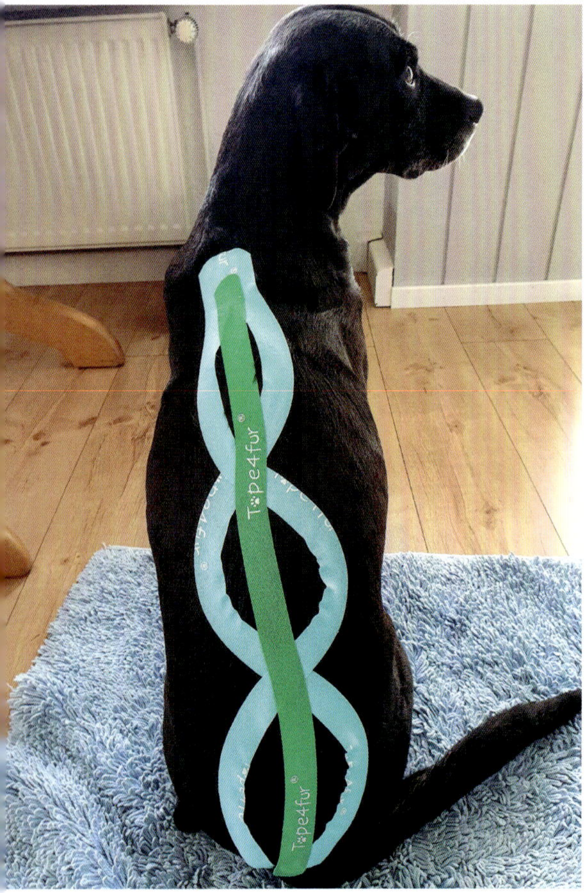

Zopftechnik bei großflächiger Verklebung der thorakolumbalen Rückenfaszie

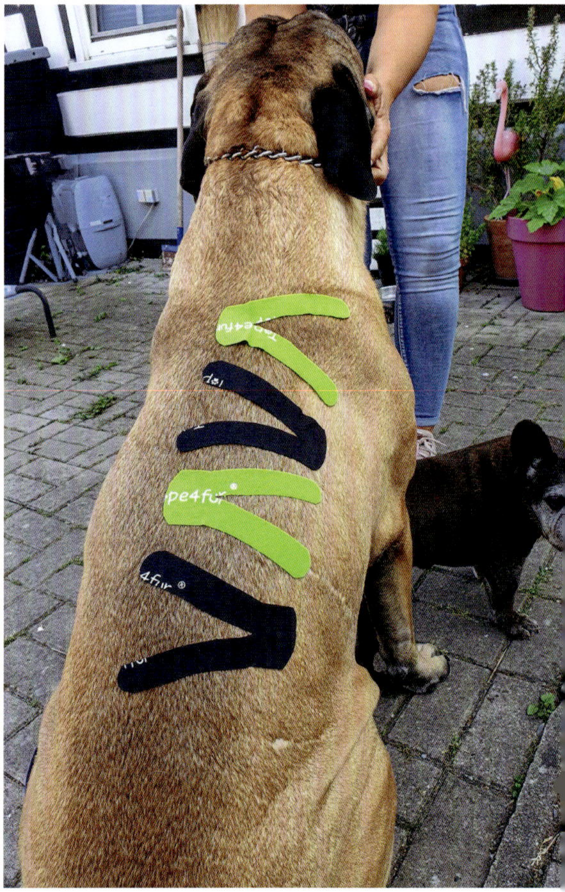

Verwringungstechnik bei einseitiger faszialer Verklebung der Rückenfaszie

Bei jedem V-Tape die Trägerfolie an den Übergängen von den Basen zu den Fingern einreißen und umknicken. Dann die Trägerfolie komplett von der Basis des ersten V-Tapes entfernen und diese spannungsfrei neben der Wirbelsäule aufbringen. Die beiden Tapefinger werden nacheinander mit geringgradiger Spannung auf der Rumpfseite aufgebracht und dabei aufgespreizt. Die Enden der Tapefinger werden wie üblich spannungsfrei aufgebracht.

Mit dem zweiten Tapefinger fängt man mit der primären Basis auf der Rumpfseite an, parallel zu den Endbasen des ersten Fächertapes. Die Finger werden dann V-förmig in Richtung Wirbelsäule geklebt.

Das dritte V-Tape dann wieder von der Wirbelsäule zum Rumpf aufbringen und das vierte vom Rumpf zur Wirbelsäule kleben.

Dadurch entstehen gegenläufige Tapezüge und somit auch Züge in der Faszie – es kommt zu Verwringungen des Gewebes. Ähnlich wie in der manuellen Faszientherapie löst bzw. mobilisiert man dadurch die Faszie.

SCHLEIMBEUTELENTZÜNDUNG (BURSITIS)

Eine Bursitis ist eine akute oder chronische Entzündung eines Schleimbeutels. Die Ursache ist meist unbekannt, allerdings können wiederholte oder akute Traumata, aber auch Infektionen ein Auslöser sein. Symptome sind Druck- sowie Bewegungsschmerzen und natürlich die offensichtliche Schwellung.

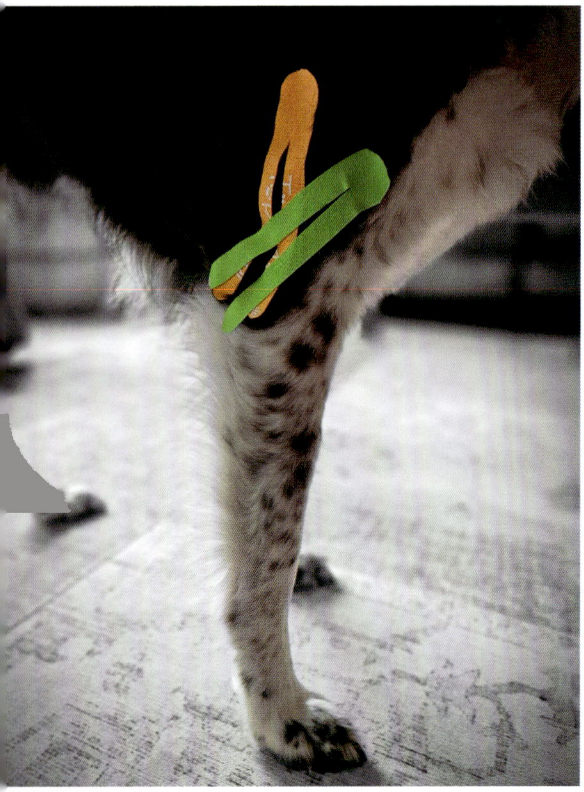

Hämatomtape rund um den Ellenbogen bei Schleimbeutelentzündung

Achtung: Wie bei allen Schwellungen, die man tapen möchte, sollte es eine kalte Schwellung sein. Sollte ein entzündlicher Prozess vorliegen und die Schwellung heiß sein, bitte vom Taping absehen, da man dann Gefahr läuft, durch die durchblutungsanregende Wirkung des Tapes den Infekt noch weiter im Körper zu verteilen.

Da es sich bei dieser Problematik um eine Schwellung handelt, wird ein Hämatomtape genutzt. Dafür verwendet man ein bis zwei Tapestreifen in Fächer- oder V-Form, die mit End-to-End-Technik aufgebracht werden.

Für alle Hämatomtapes gilt: Die Basen der Fächer- oder V-Tapes werden außerhalb der Schwellung aufgebracht und die Finger des Tapes zeigen zur Schwellung bzw. zum Schleimbeutel hin und bedecken diese.

Hier im Beispiel bei einer Bursitis am Ellenbogen wurden zwei V-Tapes genutzt, da der Bereich recht schmal war und den Fächertapes nicht genügend Platz bot. Bei dem V-Tape die Trägerfolie am Übergang zwischen primärer Basis und den beiden Fingern einreißen und umknicken, damit man sie beim Tapen besser fassen kann. Die Basis spannungsfrei und außerhalb der Schwellung aufbringen. Dann vom ersten Tapefinger die Trägerfolie abziehen, dabei die 10%ige Vordehnung des Tapes nutzen und mit dieser den Finger zur Schwellung hin und über die Schwellung aufbringen. Die Endbasis des Tapefingers wie üblich spannungsfrei und mit Back-up aufkleben. Den anderen Finger des V-Tapes genauso aufbringen und dabei flächig über die Schwellung verteilen.

Sollten weitere Fächer- oder V-Tapes nötig sein, werden diese genauso aufgebracht, nur dass die Basen immer versetzt an anderen Stellen außerhalb der Schwellung positioniert werden. Dies sorgt aufgrund des Recoils des Tapes zur primären Basis für verschiedene Abflussrichtungen für die gestaute Flüssigkeit. Die Finger der verschiedenen Fächertapes können und dürfen sich im Bereich der Schwellung überkreuzen.

Bei kleineren Hunden sind Gittertapes die bessere und einfachere Wahl, da der Bereich rund um das betroffene Gelenk einfach manchmal nicht groß genug für ein Hämatomtape ist. Man stelle sich zum Beispiel nur einen Mops vor!

Die Gittertapes vorsichtig mit den Fingern oder einer Kunststoffpinzette von der Trägerfolie abziehen, dicht am betroffenen Gelenk bzw. Schleimbeutel entlangführen und überall da aufbringen, wo sie sich von allein an das Fell heranziehen.

SCHWELLUNGEN

Generell gilt für Schwellungen, dass man je nach Lage entweder ein Lymphtape oder ein Hämatomtape nutzt: Lymphtapes für Schwellungen an den Gliedmaßen, Hämatomtapes für Schwellungen am Rumpf. Sollte die Schwellung an einer anatomisch ungünstigen Stelle liegen oder man einen eher kleinen Hund haben, sollte man besser Gittertapes nutzen.

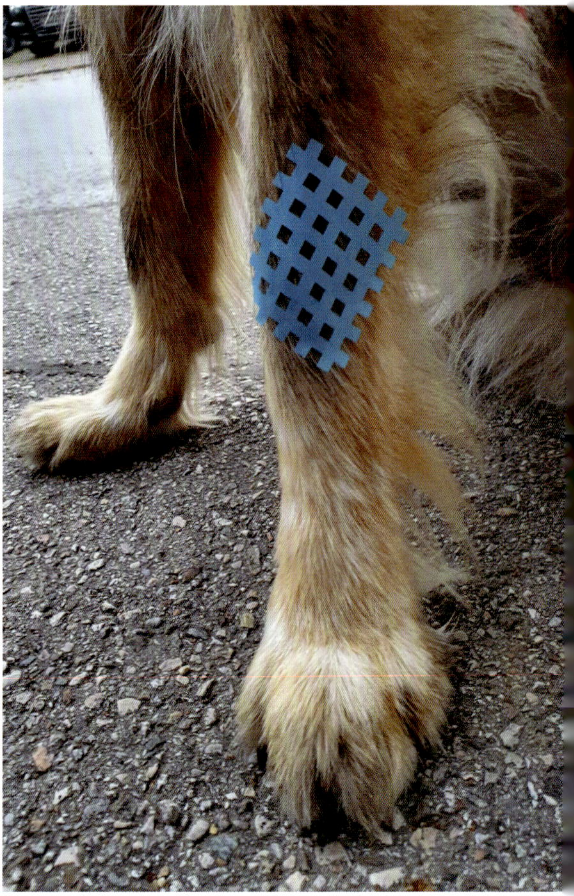

Schwellungen lassen sich hervorragend mit Gittertapes behandeln.

Hier im Bild wurde auf ein geschwollenes Karpalgelenk (Grundbefund Arthrose) ein Gittertape aufgebracht.

Es wurden im Laufe der Fallbeispiele in diesem Kapitel bereits einige verschiedene Schwellungen beschrieben und die Tapinganlagen dazu erklärt. Ausführliche Erklärungen findet man in den jeweiligen Abschnitten:

- Augenentzündung
- Blutohr
- Impfbeule
- Insektenstich
- Schleimbeutelentzündung (Bursitis)

SCHWIMMER-SYNDROM

Dieses Syndrom tritt bei Welpen in den ersten Wochen nach der Geburt auf, meistens ab dem 10. bis 14. Tag nach der Geburt. In dieser Phase fangen gesunde Welpen an sich aufzurichten, aufzustehen und zu laufen. Die betroffenen Welpen allerdings bleiben flach liegen und die Gliedmaßen sind seitlich vom Rumpf abgespreizt. Daher auch der Name – wenn man von oben auf einen betroffenen Welpen schaut, sieht er aus wie ein Schwimmer im Wasser aus und bewegt sich auch so ähnlich fort. Im Englischen heißt es „Flat Puppy Syndrome", weil die Welpen flach daliegen und robben, anstatt aufzustehen. Bei manchen Welpen sind alle vier Gliedmaßen betroffen, bei anderen entweder nur die Vorder- oder nur die Hinterbeine.

An den Ursachen für das Schwimmer-Syndrom wird immer noch geforscht. Bisher gibt es Theorien von muskulären Fehlentwicklungen über Störungen der Nervenbahnen bis hin zu Fehlbildungen der Gliedmaßen.

Welpen mit dem Schwimmer-Syndrom sollten frühzeitig physiotherapeutisch behandelt werden, um Muskeln und Gelenke zu stärken und zu stabilisieren. Wird dies versäumt, kann es aufgrund der liegenden Position zu einer Verformung des Brustkorbes kommen, was wiederum Atemschwierigkeiten verursachen kann. Von den gesundheitlichen Problemen für die Gelenke wollen wir erst gar nicht reden.

Zusätzlich zu der Physiotherapie kann man hierbei auch gut mit dem kinesiologischen Tape arbeiten. Wenn man klassisch nach dem Lehrbuch vorgehen würde, wären Muskeltapes eigentlich die ideale Tapinganlage, um die schwache Muskulatur zu unterstützen und zu aktivieren. Allerdings sind wir hier bei der Behandlung von Welpen und dementsprechend ist das alles ja noch sehr klein. Da wird es schwierig, ein vernünftiges Muskeltape zu kleben. Auch ein Propriozeptionstape (siehe Abschnitt „Ataxie") wäre durchaus sinnvoll, aber auch dafür ist ein Welpe mitsamt seinen Beinchen einfach zu klein und zu kurz. Außerdem ist ein Propriozeptionstape erst dann wirklich sinnvoll, wenn der Hund etwas laufen kann. Solange er noch ganz flach liegt und sich kaum bewegt, hat diese Tapinganlage kaum eine Wirkung.

In diesem Fall nutzt man tatsächlich ein Korrekturtape, bei dem man eine Schlinge um die Vorder- oder Hinterbeine klebt und dadurch die Extremitäten ähnlich wie bei einer Korrekturbandage in die richtige Position führt.

Da diese Tapinganlage so außergewöhnlich und eher selten ist, wird sie hier einmal ausführlich und Schritt für Schritt erklärt.

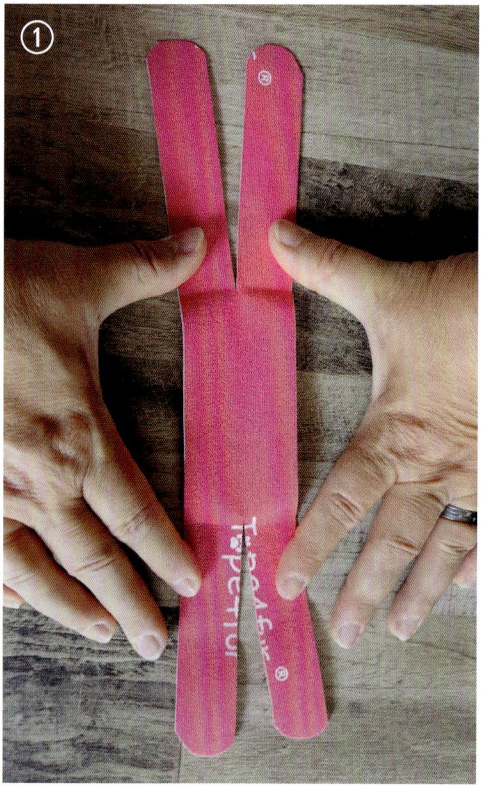

Für das Schwimmersyndrom benötigt man den besonderen Zuschnitt eines X-Tapes.

Man benötigt einen X-förmigen Tapestreifen, das heißt ein I-Tape, das von beiden Enden aus mittig der Länge nach eingeschnitten wird. Dabei bleibt in der Mitte etwa ein Drittel als geschlossene Basis stehen und rechts und links wird der Tapestreifen ca. ein Drittel eingeschnitten.

Nun reißt man die Trägerfolie an den Übergängen von der mittigen Basis zu den Fingern hin jeweils einzeln ein und knickt diese um, damit man sie beim Aufkleben besser fassen kann.

Die Trägerfolie am Übergang zwischen der Basis und den vier Fingern jeweils einreißen und umknicken

Vom Mittelteil des X-Tapes die Trägerfolie komplett entfernen und diesen Mittelteil dann der Länge nach zusammenfalten, sodass keine Kleberfläche mehr offenliegt.

Vom Mittelteil die Trägerfolie entfernen, zusammenklappen und aufeinanderkleben

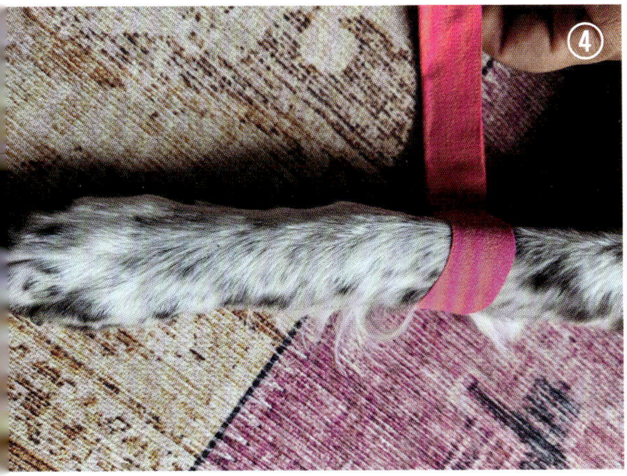

An einer Seite die Enden des X-Tapes um die Gliedmaße kleben

Am der gegenüberliegenden Seite ebenfalls die Enden um die Gliedmaße kleben

Jetzt bringt man den Hund bzw. die Gliedmaßen in die gewünschte Position und legt den Mittelteil zwischen die betroffenen Vorder- bzw. Hinterbeine. Dann entfernt man auf der einen Seite die Trägerfolie vom oben liegenden Tapefinger und klebt diesen Abschnitt spannungsfrei von vorne rund um das Bein. Den anderen, unteren Tapefinger an dieser Gliedmaße genauso spannungsfrei von hinten um die Gliedmaße aufbringen, sodass die beiden Tapefinger sich komplett überlappen und das Bein damit umschlossen ist.

Dasselbe macht man dann mit den anderen beiden Tapefingern an der anderen, gegenüberliegenden Gliedmaße. Dadurch werden die Gliedmaßen in der korrekten Position gehalten und man unterstützt dadurch die Stellungskorrektur.

Wichtig: Das Tape bitte wirklich spannungsfrei aufkleben, damit an den Beinen nichts eingeschnürt wird!

S

SEHNENVERLETZUNGEN / SEHNENÜBERDEHNUNGEN

Sowohl Beuge- als auch Strecksehnen werden am häufigsten durch Überdehnungen geschädigt. Dieser Überdehnung gilt es unter anderem mit dem Tape entgegenzuwirken. Das Tape stützt zum einen das geschädigte Gewebe und unterstützt durch den Recoil zur primären Basis die Kontraktion der Sehne bzw. wirkt einer weiteren Überdehnung entgegen. Zum anderen regt es die Durchblutung an und bringt somit auch Sauerstoff, Mineral- und Nährstoffe in den betroffenen Bereich – alles, was die Zellen zur Regeneration in der Reha-Phase brauchen.

Man benötigt für das Sehnentape (egal ob Beuge- oder Strecksehne) nur ein I-Tape mit abgerundeten Ecken, das mit der End-to-End-Technik aufgebracht wird.

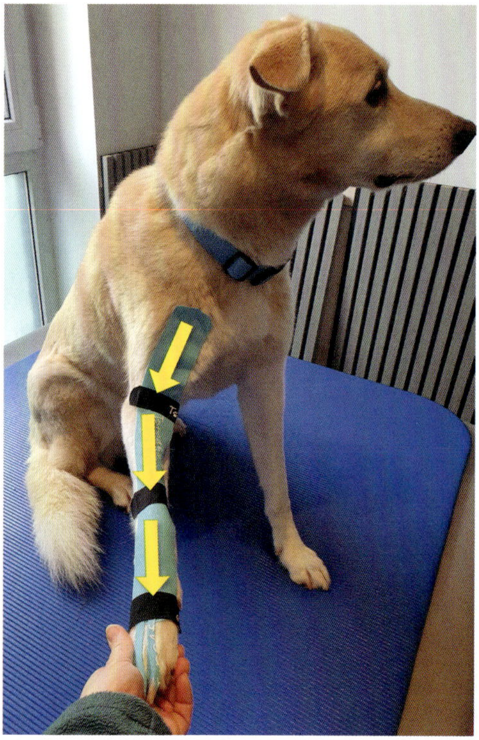

Sehnentape für die Strecksehne

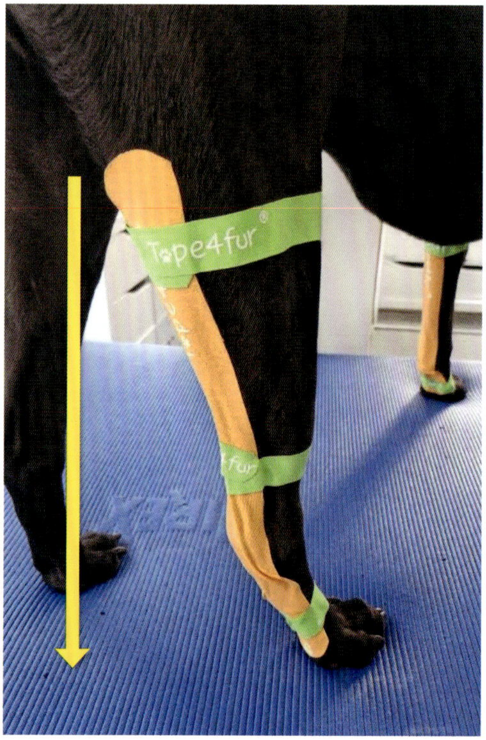

Sehnentape für die Beugesehne

Ungefähr 3 cm von der Trägerfolie an einem Ende des Tapestreifens entfernen und diese primäre Basis spannungsfrei so körpernah wie möglich aufbringen. Den Wirkungsbereich mit der Spannung, mit der das Tape von der Trägerfolie kommt, entlang der betroffenen Sehne gerade herunter bis zur Pfote tapen. Die sekundäre Basis wird spannungsfrei und mit Back-up aufgebracht.

Durch den Recoil des Tapes zur primären Basis geht er bei dieser Tapinganlage in die gleiche Richtung wie die Kontraktion der Sehne, unterstützt diese dadurch und wirkt einer weiteren Überdehnung entgegen.

Hinweis: Es empfiehlt sich, Sehnentapes mit spannungsfreien Querankern zu sichern. Sobald der Hund sich hinlegt und die Pfoten oder das Bein anwinkelt, kommt vermehrt Spannung auf die Tapinganlage. Damit sich das Sehnentape dadurch nicht aus Versehen vorzeitig ablöst, sollte es mit Ankern geschützt werden.

SEHNENVERKÜRZUNG

Eine Sehnenverkürzung, sei sie angeboren oder durch Fehlhaltung entstanden, ist in Bezug auf Taping genau das Gegenteil eines Sehnenschadens. Letzterer entsteht durch eine Überdehnung. Im Gegensatz dazu ist bei einer Sehnenverkürzung diese, wie der Name es schon sagt, verkürzt und eben nicht genug gedehnt.

Dementsprechend sieht ein Sehnentape für eine Verkürzung am Ende genauso aus wie beim Sehnenschaden, aber die Anlage erfolgt in die umgekehrte Richtung.

Bei der Sehnenverkürzung nutzt man den Recoil des Tapes, um die Sehne in der Dehnung zu unterstützen. Man benötigt auch hier für das Sehnentape (egal ob Beuge- oder Strecksehne) nur ein I-Tape mit abgerundeten Ecken, das mit der End-to-End-Technik aufgebracht wird.

Ungefähr 3 cm von der Trägerfolie an einem Ende des Tapestreifens entfernen und diese primäre Basis spannungsfrei pfotennah aufbringen. Den Wirkungsbereich mit der Spannung, mit der das Tape von der Trägerfolie kommt, entlang der betroffenen Sehne so weit wie möglich gerade nach oben zum Rumpf hin tapen. Die sekundäre Basis wird dann spannungsfrei und mit Back-up aufgebracht.

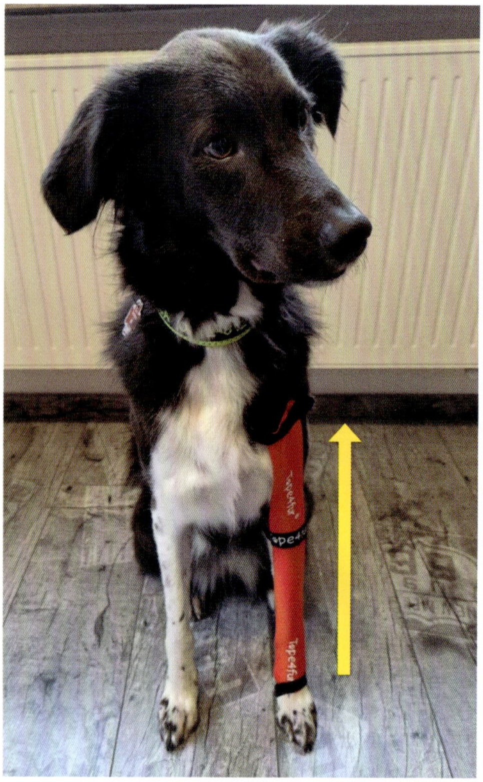

Sehnentape bei einer Verkürzung der Sehne

Durch den Recoil des Tapes zur primären Basis verläuft er bei dieser Tapinganlage in die gleiche Richtung wie die Dehnung der verkürzten Sehne und unterstützt diese dadurch.

Hinweis: Es empfiehlt sich, Sehnentapes mit spannungsfreien Querankern zu sichern. Sobald der Hund sich hinlegt und die Pfoten oder das Bein anwinkelt, kommt vermehrt Spannung auf die Tapinganlage. Damit sich das Sehnentape dadurch nicht aus Versehen vorzeitig ablöst, sollte es mit den Ankern geschützt werden

SPONDYLOSE

Spondylose ist eine degenerative Erkrankung im Bereich der Wirbelsäule. Dabei werden die elastischen Strukturen wie Bänder und Bandscheiben abgebaut und durch knöcherne Zubildungen ersetzt. Im Extremfall können dabei ganze Abschnitte der Wirbelsäule knöchern miteinander verwachsen und entsprechend versteifen.

Als Ursache kommen hier Verschleiß bzw. Überdehnung der Bänder rund um die Wirbelsäule sowie Verschleiß der Bandscheiben in Frage. Um diesem Verschleiß entgegenzuwirken, reagiert der Körper, indem er den betroffenen Bereich knöchern versteift, um ihn besser abzustützen.

Hunde, die an Spondylose leiden, zeigen hauptsächlich deutliche Rückenschmerzen sowie Druckempfindlichkeit im Rückenbereich, auch das Anziehen eines Geschirrs kann schon als unangenehm empfunden werden. Im fortgeschrittenen Stadium zeigt sich oftmals zusätzlich ein steifer Gang bzw. ein verkürzter „Tippelschritt", weil der Rücken einfach nicht mehr locker mitschwingen kann und sich dies auf das ganze Gangbild auswirkt.

Zur Entlastung des Rückens wird eine Kombination aus Dekompressionstapes und Muskeltape genutzt.

Dekompressionstapes:

Im Bereich der Spondylosen benötigt man mehrere kurze I-Tapes mit abgerundeten Ecken. Diese werden alle mit der Inside-Out-Technik aufgebracht. Trägerfolie mittig einreißen, Tapestreifen von innen nach außen geringgradig dehnen und direkt über dem betroffenen Wirbelsegment von oben auf den Rücken aufbringen. Die Enden werden rechts und links der Wirbelsäule spannungsfrei und mit Back-up aufgebracht. Je nachdem, wie ausgeprägt die Spondylose ist und wie viele Segmente betroffen sind, werden mehrere Tapestreifen mit dieser Technik parallel nebeneinander über der Wirbelsäule aufgebracht.

Muskeltape:

Da die Muskulatur in den meisten Fällen dabei stark verspannt ist, wird hier noch zusätzlich ein entspannendes Muskeltape aufgebracht. Dafür benötigt man zwei I-Tapes mit abgerundeten Ecken, die mit der End-to-End-Technik aufgeklebt werden.

Trägerfolie an einem Ende des ersten Tapestreifens entfernen und diese primäre Basis spannungsfrei in Höhe des Schulterblattes neben der Wirbelsäule aufbringen. Den Wirkungsbereich mit geringgradiger Spannung im Verlauf des langen Rückenmuskels parallel zur Wirbelsäule tapen und das

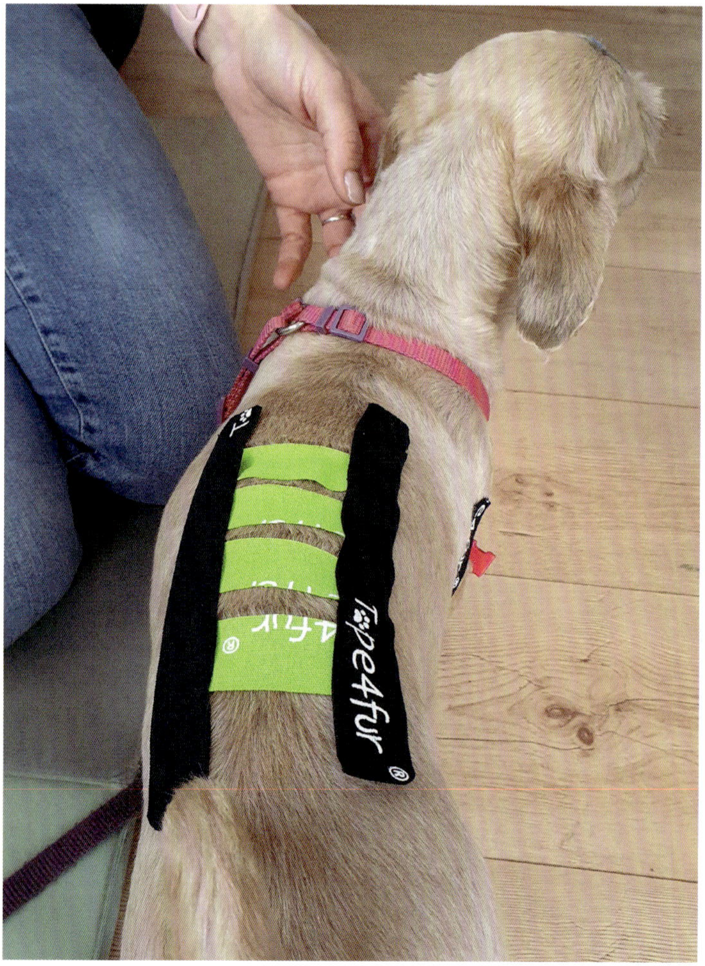

Kombination von Dekompressionstapes und Muskeltape bei Spondylosen

sekundäre Ende wieder spannungsfrei und mit Back-up am höchsten Punkt der Hinterhand anbringen. Der zweite Tapestreifen wird identisch auf der gegenüberliegenden Rückenseite geklebt. Die Muskeltapes decken dabei die Endbasen der querverlaufenden Dekompressionstapes ab.

Beim Anbringen des Muskeltapes sollte der lange Rückenmuskel so gut es geht vorgedehnt werden. Dazu den Hund (evtl. mit einem Leckerli als Lockmittel) einfach nach unten schauen und in der Position lassen, bis beide Tapestreifen aufgebracht sind.

TRIGGERPUNKTE / STRESSPUNKTE

Trigger- oder Stresspunkte sind maximal verspannte Punkte innerhalb der Muskulatur und des faszialen Systems, die eigentlich überall auftreten können. Diese punktuellen Verspannungen führen meist zu einem deutlich tastbaren Knoten innerhalb des Muskels und sind oftmals bei Druck sehr schmerzhaft. Dieser Schmerz kann auch in andere Körperregionen ausstrahlen.

Als Ursache für diese Druckpunkte kommen Überlastung ebenso wie Fehlhaltungen, Verspannungen oder auch Stress infrage.

Man unterscheidet aktive und latente Triggerpunkte: Der latente Punkt ist nur bei Druck schmerzhaft, wohingegen der aktive Punkt dauerhaft und spontan Schmerzen verursacht.

Neben den Schmerzen können Triggerpunkte auch eine Muskelschwäche sowie Einschränkungen der Bewegung verursachen. Im Humanbereich wird auch oft von einem Kribbelgefühl berichtet.

Neben Triggerpunktmassage, Dehnungsübungen, regelmäßiger Bewegung und Dry Needling ist Taping eine gute Möglichkeit, den Triggerpunkten zu Leibe zu rücken.

Wegen des kleinen Behandlungsbereichs werden meist Gittertapes genutzt.

Diese vorsichtig mit den Fingern oder einer Kunststoffpinzette von der Trägerfolie abziehen, im Bereich des Triggerpunktes entlangführen und da aufbringen, wo sie sich von allein an das Fell heranziehen.

Bei größeren verspannten Punkten oder wenn der Triggerpunkt großflächig ausstrahlt, kann man auch ein Sterntape kleben.

Für Triggerpunkte kann man ein Sterntape nutzen.

T

Für das Sterntape benötigt man vier I-Tapes mit abgerundeten Ecken, die mit der Inside-Out-Technik direkt über dem Triggerpunkt zentriert aufgeklebt werden.

Trägerfolie beim ersten Tapestreifen mittig einreißen, von innen nach außen dehnen und diesen mit mittelgradiger Spannung auf dem Triggerpunkt aufkleben. Die Enden spannungsfrei und mit Back-up tapen. Das zweite I-Tape wird mit gleicher Vorgehensweise, aber nur mit geringgradiger Spannung im rechten Winkel dazu appliziert, sodass sich ein „+" ergibt. Den dritten Streifen ebenfalls mit geringgradiger Spannung schräg aufkleben und den vierten Tapestreifen so, dass er gerade noch gespannt ist, schräg in die entgegengesetzte Richtung tapen.

ÜBERKÖTEN

Hunde, die überköten, haben ein Problem beim Aufsetzen der Zehen. Dies kann die Vorder- genauso wie die Hinterpfoten betreffen.

Im besten Fall wird „nur" mit der Pfote geschleift und diese etwas unspezifisch aufgesetzt. Im schlimmsten Fall kann die Pfote nicht korrekt nach vorne geführt werden: Die Streckmuskulatur und die Strecksehnen werden dabei nicht richtig aktiviert und der Hund setzt die Pfote mit dem Fußrücken auf. Im sehr fortgeschrittenen Zustand kann dies zu Fellverlust, Scheuerstellen und auch offenen Wunden auf dem Fußrücken führen.

Im Falle des Überkötens ist ganz klar die Propriozeption (Körperwahrnehmung) gestört, meistens liegt auch eine Nervenstörung vor. Somit wird die entsprechende Muskulatur nicht mit dem nötigen Nervenimpuls angesprochen und es kommt zu der Fehlbewegung. An der Vordergliedmaße liegt meistens eine Störung des Nervus radialis vor, während an der Hintergliedmaße meist der Nervus peroneus communis betroffen.

Es gibt verschiedene Möglichkeiten, dem Überköten mit einem Tape zu begegnen:

Propriozeptionstape an der betroffenen Gliedmaße:

Eine ausführliche Beschreibung des Propriozeptionstape findet sich bereits im Abschnitt „Ataxie".

Muskel-Sehnentape mit Zehentape an der betroffenen Gliedmaße:

Für das Sehnentape findet sich eine Beschreibung im Abschnitt „Sehnenschaden". In diesem Fall möchte man aber nur die Strecksehne adressieren. Auch kommt im Falle des Überkötens noch eine Besonderheit hinzu:

Die Tapinganlage ist mit dem eigentlichen Sehnentape noch nicht beendet. Es geht an der sekundären Basis an der Pfote noch weiter. Man benötigt pro Kralle einen langen, sehr dünnen Tapestreifen. Von dem ersten dünnen Tapestreifen an einem Ende die Trägerfolie entfernen und diese Anfangsbasis spannungsfrei direkt auf die Endbasis des zuvor geklebten Sehnentapes aufbringen. Mit der Spannung, mit der das Tape von der Trägerfolie kommt, wird zur Kralle hin getapet und dann direkt unter der Kralle herum und wieder zurück zur Anfangsbasis. Dort die sekundäre Basis überlappend auf die primäre Basis aufbringen. Man bildet also eine Schlinge um die Kralle herum.

Unten links im Bild sieht man sehr schön, wie die einzelne getapte Kralle bereits deutlich besser angehoben wird als die anderen Krallen bzw. Zehen.

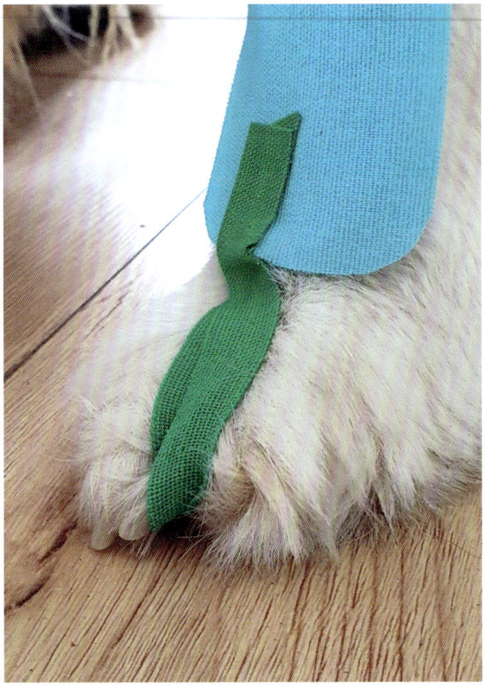

Zehentape bei Hunden, die zum Überköten neigen

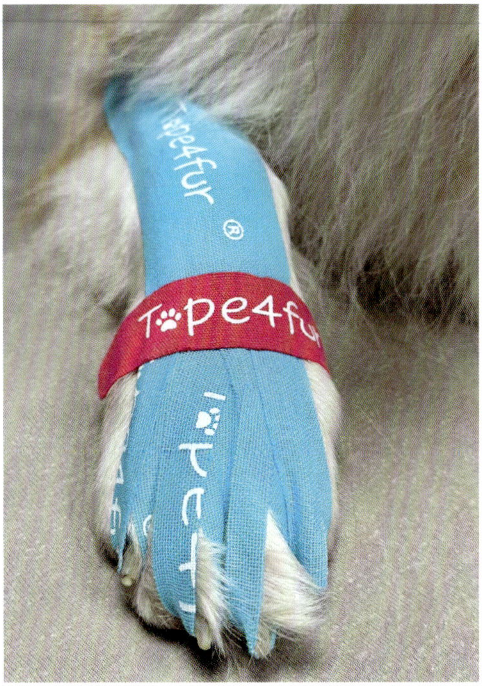

Fertiges Zehentape aller vier Zehen inklusive Sehnentape und Anker

U

Diese Schlinge klebt man dann identisch an den anderen Krallen an der betroffenen Pfote. Alle dünnen Anfangs- und Endbasen sollten dann am besten mit einem spannungsfreien Queranker abgedeckt werden, damit sie sich nicht vorzeitig ablösen.

Im rechten Bild auf der vorherigen Seite ein Beispiel, wie das inklusive Sehnentape und Queranker an allen Krallen aussieht.

Hinweis: Es ist hilfreich, wenn man vor dem Anlegen dieser Tapinganlage das Fell zwischen den Zehen und Krallen kürzt, damit man es nicht aus Versehen mit festklebt und es dann unnötig ziept, wenn der Hund mit dem Tape läuft.

Sterntape / Gittertape am Nervenursprung mit einem zusätzlichen Nerventape im Verlauf des betroffenen Nervs:

Als weitere Unterstützung kann man auch direkt den betroffenen Nerv tapen, der im Fall des Überkötens involviert ist (siehe Einleitung des Krankheitsbildes).

In dem Fall setzt man am Ursprung des Nervs entweder ein kleines Sterntape oder besser noch ein größeres Gittertape auf den Punkt. Das wird dann mit einem einfachen Tapestreifen kombiniert, der mit der End-to-End-Technik aufgebracht wird. Die primäre Basis befindet sich am Ursprung des Nervs, der Wirkungsbereich wird mit der Spannung, mit der das Tape von der Trägerfolie kommt, entlang des Nervenverlaufes geklebt und die sekundäre Basis dann pfotennah getapet.

VESTIBULARSYNDROM

Bei diesem Krankheitsbild unterscheidet man drei Varianten: Es gibt das zentrale Vestibularsyndrom, das eher selten ist und durch entzündliche Prozesse wie z. B. Hirnhautentzündung im zentralen Nervensystem verursacht wird.

Die wesentlich häufigere Variante ist das periphere Vestibularsyndrom. Dabei wird das Gleichgewichtsorgan durch entzündliche Prozesse im Innenohr in Mitleidenschaft gezogen.

Schließlich gibt es noch das geriatrische Vestibularsyndrom bei älteren Tieren. Hier werden als Ursachen Verdickungen des lymphatischen Flusses im Innenohr diskutiert, aber auch Durchblutungsstörungen oder Autoimmunstörungen sind ein Thema.

Bei allen drei Varianten sind die Symptome jedoch identisch: Kopfschiefhaltung, Gleichgewichtsprobleme und Ataxien, Schielen und / oder Augenzucken. Als Folge der Gleichgewichtsstörungen kommt es in vielen Fällen auch zu Übelkeit und Erbrechen.

Für die klare Diagnostik und die medikamentöse Behandlung ist hier auf jeden Fall der Besuch beim Tierarzt notwendig. So effektiv kinesiologisches Tape und Gittertapes in vielen Fällen sind, kann man bei diesem Krankheitsbild damit nur die Begleiterscheinungen etwas abmildern und die Selbstheilungskräfte anregen. An die eigentliche Ursache kommt man mit den Tapes nicht heran.

Dennoch gibt es eine ganze Reihe von Möglichkeiten, dem betroffenen Tier mit dem Tape Unterstützung anzubieten.

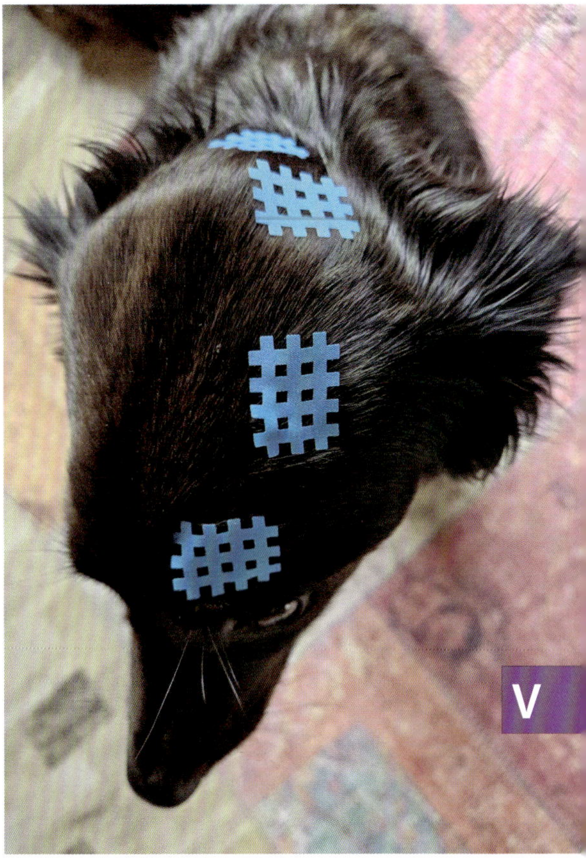

Gittertapes zur Stimulation des Gewebes bei Kopfschiefhaltung

V

Viele Hunde sprechen, vor allem, was die Kopfschiefhaltung betrifft, gut auf Gittertapes an. Diese vorsichtig mit den Fingern oder einer Kunststoffpinzette von der Trägerfolie abziehen und im ganzen Kopfbereich, vor allem rund um das Ohr, entlangführen und da aufbringen, wo sie sich von allein an das Fell heranziehen. Bei manchen Hunden ist das stärker auf der betroffenen Seite der Fall, bei anderen eher auf der gesunden Seite. Das muss man individuell bei jedem Hund ausprobieren.

Zusätzlich gibt es noch gezielte Akupunkturpunkte, die man mit den Gittertapes kleben kann.

Akupunkturpunkt Yintang:

Wie schon im Abschnitt „Angst und Nervosität" beschrieben, hilft dieser Punkt auf der Stirn, um ein inneres Gleichgewicht und die Entspannung anzuregen.

Akupunkturpunkt Magen 45:

Dieser Punkt liegt am Übergang zwischen Kralle und Fell an der zweiten Zehe der Hintergliedmaße und hilft gegen Übelkeit und Erbrechen.

Akupunkturpunkt Magen 36:

Diesen Akupunkturpunkt findet man an der Außenseite des Hinterbeins unterhalb

Gittertape auf dem Akupunkturpunkt Magen 45

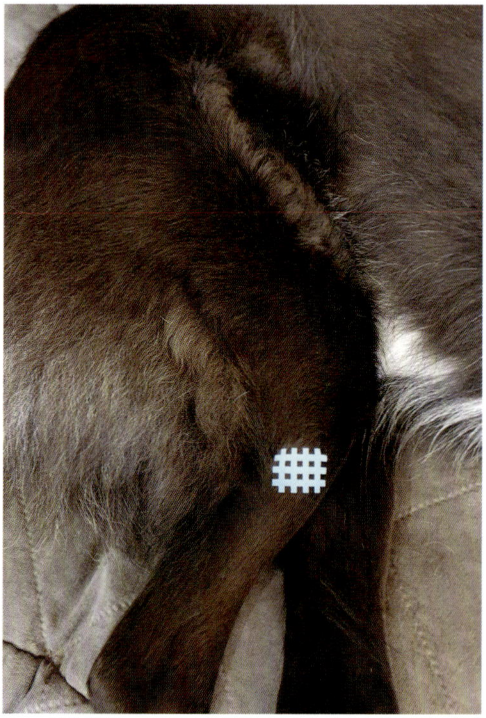

Der Akupunkurpunkt Magen 36 wirkt kreislaufstabilisierend.

des Knies. Er wirkt generell kreislaufstabilisierend.

In Bezug auf die Ataxie und Gleichgewichtsprobleme kann man ein Propriozeptionstape nutzen. Dies aber am besten nur an ein oder zwei stark betroffenen Gliedmaßen. Alle vier Beine gleichzeitig mit einem Propriozeptionstape zu bekleben könnte zu einer Überforderung des eh schon angegriffenen Nervensystems führen.

Die Beschreibung dieses Propriozeptionstapes findet sich im Abschnitt „Ataxie".

Rückenmuskeltape:

Eine wirklich gute Unterstützung beim Vestibularsyndrom ist tatsächlich ein aktivierendes Muskeltape für den langen Rückenmuskel, obwohl dieser eigentlich gar nichts direkt mit dem Krankheitsbild zu tun hat. Da er aber der größte und längste Muskel im Hund ist, einen sehr großen Einfluss auf den Bewegungsablauf hat und auch eine große Fläche darstellt, bietet er in diesem Fall eine gute Unterstützung.

Zum einen regt man diesen großen Muskel über den Recoil des Tapes an und zum anderen hat man gleichzeitig eine recht große Fläche mit Tape bedeckt, wodurch man auch ganz viele darunter liegende Neurorezeptoren stimuliert.

Man benötigt zwei I-Tapes mit abgerundeten Ecken, die beide mit der End-to-End Technik aufgebracht werden. Bei großen Hunden empfiehlt sich dafür ein 5 cm breites Tape, um den Muskel optimal abzudecken. Bei kleinen, zierlichen Hunden reicht oftmals auch ein 2,5 cm schmales Tape.

Es empfiehlt sich, den Muskel etwas vorzudehnen, während man das Tape aufklebt. Der Hund sollte dabei stehen und möglichst nach unten schauen. Allerdings ist dies im Fall des Vestibularsyndroms für den Hund oftmals nur sehr schwer möglich!

Aktivierendes Muskeltape für die Rückenmuskuluatur

Begonnen wird am höchsten Punkt der Hinterhand. Ungefähr 2 – 3 cm der Trägerfolie an einem Ende des Tapestreifens entfernen und dort die primäre Basis seitlich der Rückenmittellinie spannungsfrei aufbringen. Der Wirkungsbereich des Tapestreifens wird mit geringgradiger Spannung parallel zur Wirbelsäule getapet, die sekundäre Basis endet am Schulterblatt.

Auf der anderen Rückenseite wird entsprechend genauso verfahren und das Tape von der Kruppe in Richtung Schulterblatt zur Wirbelsäule aufgebracht.

Im Bereich des Schultergürtels erfährt das Tape eine höhere mechanische Belastung, wenn der Hund z. B. beim Gassigehen oder Fressen den Kopf auf und ab bewegt. Auch liegt hier das Halsband oder das Geschirr, welches über das Tape streifen kann. Daher ist es hilfreich, wenn man diesen Bereich der vorderen Enden der Tapestreifen mit einem komplett spannungsfreien Queranker sichert, um ein vorzeitiges Ablösen zu verhindern.

Achtung: Da man den Tapestreifen entgegen der Fellrichtung aufbringt, kann man ihn schlecht direkt beim Aufkleben mit der freien Hand feststreichen. Dabei würde man gegen das Fell streichen und dieses eventuell hochschieben. Daher ist es ratsam, die Trägerfolie im Wirkungsbereich komplett vom Tape abzuziehen, das Tape nur noch an der sekundären Basis zu halten und diese am Schulterblatt auszurichten. Nun kann man mit der freien Hand immer abschnittweise das Tape einfach gefühlvoll gerade nach unten an das Fell herandrücken und schiebt nicht gegen das Fell.

VERSPANNTE MUSKULATUR

Zu viel im Urlaub mit dem Hund gewandert? Vermehrtes Agility-Training? Fehlstellungen? Schmerzen? All dies und noch viel mehr kann zu verspannter Muskulatur führen. Und Verspannungen sind nie schön. Das hat bestimmt schon jeder einmal am eigenen Körper gespürt. Alles tut weh, die Muskulatur ist fest und steif und der Bewegungsradius ist eingeschränkt.

Generell kann jeder Muskel verspannen. Hier gehen wir nur auf die drei größten Muskeln ein, da diese auch die größte Wirkung im Hundekörper haben. Schafft man es, diese zu entspannen, hat man schon das Wichtigste erreicht und dieser positive Effekt überträgt sich auf andere Muskeln und Körperregionen.

Generell wird für Muskeltapes immer die End-to-End-Technik genutzt und sie sollten immer auf beiden Seiten des Körpers angebracht werden. Um verspannte Muskeln zu entspannen, wird immer vom Muskelansatz zum Muskelursprung getapet. Dadurch geht der Recoil des Tapes immer zum Ansatz des Muskels und somit in die gleiche Richtung wie die Dehnung des Muskels und fördert dessen Entspannung. Die Handhabung ist bei allen Muskeltapes identisch: Ein paar Zentimeter der Trägerfolie an einem Ende des Tapestreifens entfernen. Diese primäre Basis wird spannungsfrei am Ansatz des Muskels aufgebracht. Der Wirkungsbereich folgt immer dem Muskelverlauf und wird mit leichtgradiger Spannung getapet. Als Letztes kommt die sekundäre Basis, die wiederum spannungsfrei und mit Backup am Muskelursprung geklebt wird.

Sind die Muskeln sehr linear, ist ein I-Tape ausreichend. Bei sehr flächigen Muskeln kommen auch zwei oder drei Tapestreifen zum Einsatz.

Rückenmuskulatur (M. longissimus):

Die primäre Basis wird spannungsfrei in Höhe der Schulterblätter aufgebracht, der Wirkungsbereich wird mit geringgradiger Spannung entlang des Muskels parallel zur Wirbelsäule geklebt. Das sekundäre Ende wird am höchsten Punkt der Hinterhand appliziert. Während man das Tape aufbringt, sollte der Hals vorwärtsabwärts vorgedehnt werden. Am besten den Kopf des Hundes mit Hilfe eines Leckerlis nach unten führen und möglichst versuchen, diese Position während des Tapens beizubehalten.

Entspannendes Muskeltape für die Rückenmuskulatur

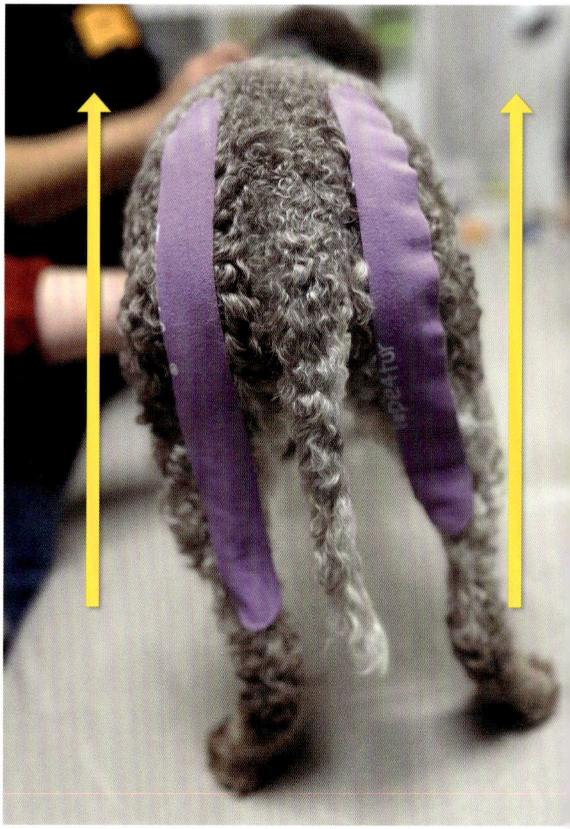

Entspannendes Muskeltape für die Hinterbackenmuskulatur

Hier im Bild wurden die Enden der Tapestreifen zusätzlich mit spannungsfreien Querankern gesichert.

Hinterbackenmuskulatur (M. semitendinosus und M. semimembranosus):

Die primäre Basis wird spannungsfrei in der Kniekehle aufgebracht. Der Wirkungsbereich wird mit geringgradiger Spannung beinaufwärts geklebt und das sekundäre Ende wird etwa eine Handbreit oberhalb des Rutenansatzes appliziert. Bei großen Hunden sollte das Bein, während man das Tape aufbringt, von einer zweiten Person nach vorne unter den Bauch vorgedehnt werden.

Indirekte Kontraindikation: Langes Fell und Befederung, also lange Behaarung auf der Rückseite der Gliedmaßen.

Dreiköpfiger Oberarmmuskel (M. triceps brachii):

Dieser Muskel beugt das Schultergelenk und streckt das Ellenbogengelenk. Er ist häufig bei Hunden verspannt, die im Urlaub in den Bergen ungewohnt viel bergauf und bergab gehen, aber auch bei Sporthunden, die viele Sprünge absolvieren.

Hier kann man am besten ein Fächertape mit drei Fingern nutzen. Die Trägerfolie zwischen der primären Basis und den Tapefingern einreißen und umknicken. Die primäre Basis wird spannungsfrei seitlich am Ellenbogenhöcker aufgebracht, der Wirkungsbereich der drei Tapefinger wird entsprechend der drei Arme des Muskels mit leichtgradiger Spannung aufwärts bzw. schräg aufwärts und seitlich geklebt. Die sekundären Enden werden an der Hinterkante des Schulterblattes bzw. am Oberarm appliziert.

Entspannendes Muskeltape für den Trizepsmuskel der Schulter

V

WASSERRUTE

Die Wasserrute beim Hund ist eine sehr schmerzhafte Verletzung des Rutenansatzes und der umliegenden Nerven. Sie tritt häufig bei übermäßigem Baden in kaltem Wasser, vor allem beim Springen ins kalte Wasser und der damit verbundenen hohen Belastung des Rutenansatzes an der oberen Schwanzwirbelsäule sowie am Übergang von Kreuzbein zur Schwanzwirbelsäule auf. Durch die hohe Strapazierung des Bereiches und die Kälte kann es zu starken Muskelentzündungen sowie einem Trauma in den Muskelfasern kommen.

Der Hund hat dadurch nicht nur Mühe beim Wedeln, sondern auch, wenn er sich hinlegen, hinsetzen oder springen möchte, da der gesamte Bereich sehr schmerzhaft ist.

Neben den Schmerzen liegt in dem Fall oftmals auch eine Blockierung im Übergang zwischen Sakrum und Schwanzwirbelsäule sowie einer Sensitivitätsstörung der Rute vor.

Auch hier gibt es verschiedene Möglichkeiten, den betroffenen Bereich zu tapen:

Stabilisierung des Übergangs Sakrum-Schwanzwirbelsäule:

Sollte der Übergang zwischen Sakrum und Schwanzwirbelsäule aufgrund des Aufpralles auf das kalte Wasser blockiert und gegebenenfalls auch verkippt sein, empfiehlt sich ein Stabilisierungstape, nachdem die Blockierung gelöst wurde.

Dafür benötigt man vier I-Tapes mit abgerundeten Ecken, die mit der Inside-Out-Technik in Stabilisierungstechnik aufgebracht werden.

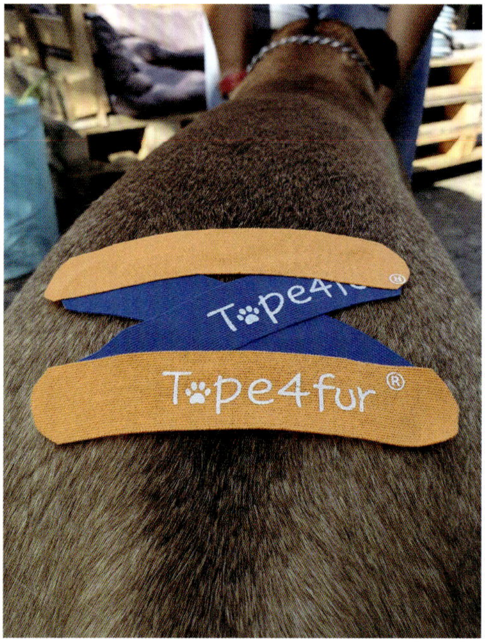

Stabilisierungstape für den Übergang zwischen Sakrum und der Schwanzwirbelsäule

Beim ersten Streifen die Trägerfolie mittig einreißen und diesen Wirkungsbereich mit leicht- bis mittelgradiger Spannung schräg über dem Übergang zwischen Sakrum und Schwanzwirbelsäule aufkleben. Diesen Wirkungsbereich sofort von einem Helfer mit den Händen fixieren lassen, damit kein primärer Recoil eintritt. Während der Helfer den Mittelteil des Tapestreifens fixiert, werden die Enden auf beiden Seiten spannungsfrei aufgebracht. Danach kann der Helfer dann auch den Wirkungsbereich loslassen.

Der zweite Tapestreifen wird mit genau derselben Handhabung aufgebracht, aber schräg in die entgegengesetzte Richtung über dem Übergang, sodass sich ein liegendes „X" ergibt (hier im Bild in blau). Auch hier den Mittelteil fixieren, bis die Enden aufgeklebt sind!

Der dritte und vierte Tapestreifen wird weiterhin mit der Stabilisierungstechnik geklebt. Den dritten dabei quer direkt über das Sakrum tapen und den vierten parallel dazu auf den oberen Schwanzwirbeln (hier im Bild orange). Bei beiden Tapestreifen ebenso den Mittelteil des Tapestreifens fixieren, bis die Enden aufgebracht sind.

Propriozeptionstape Rute:

Bei Sensibilitätsstörungen der Rute kann man zusätzlich zu dem zuvor beschriebenen Stabilisierungstape noch unterstützend mit einem Propriozeptionstape arbeiten.

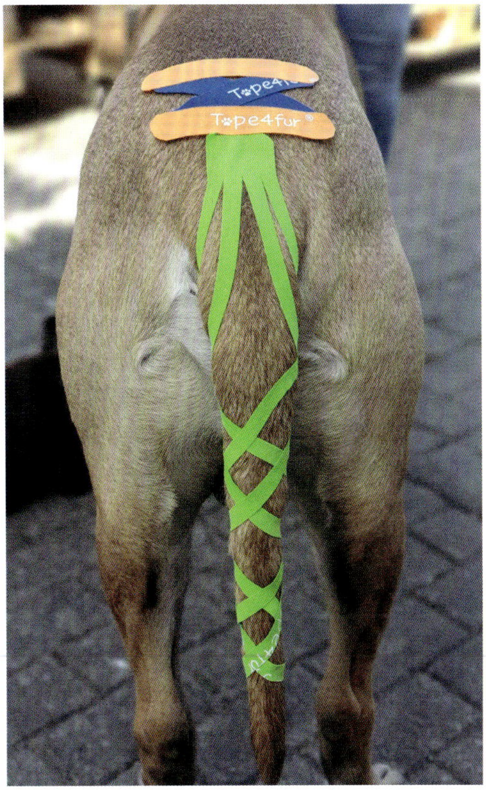

Kombination von Stabilisierungstape und Propriozeptionstape für die Rute

Für das Propriozeptionstape benötigt man ein Fächertape mit einer geraden Anzahl an Fingern (am besten vier). Es wird mit der Propriozeptionstechnik komplett spannungsfrei aufgebracht. Gemessen wird dabei von der Hinterkante des Sakrums bis zur Rutenspitze. Dann aus dem langen Tapestreifen entsprechend die vier Finger schneiden und dabei ungefähr 5 cm für die primäre Basis übriglassen. Trägerfolie zwischen der Basis und den Fingern einreißen und umknicken, damit man das Tape beim Aufbringen besser fassen kann.

W

Die Basis wird wie abgemessen spannungsfrei mittig auf die obere Schwanzwirbelsäule aufgebracht. Dann beginnt man mit einem der äußeren Finger, zieht nach und nach die Trägerfolie ab und klebt das Tape spannungsfrei und spiralförmig um die Rute herum zur Spitze hin auf. Mit dem anderen äußeren Tapefinger verfährt man genauso, nur in die entgegengesetzte Richtung. Auch die inneren Tapefinger werden so aufgebracht, aber ein paar Zentimeter tiefer versetzt. Der innere, rechte Tapestreifen liegt also parallel zum äußeren, vorderen Tapestreifen und der innere, hintere Tapestreifen parallel zum äußeren, linken Tapestreifen.

Durch die spannungsfreie Aufbringung des Tapes entstehen nur feinste Scherkräfte zwischen Tape und Fell / Haarwurzel, wenn der Hund sich bewegt. Dabei werden die Propriozeptoren und die Körperwahrnehmung angeregt.

Sterntape:

Ist der Bereich „nur" schmerzhaft, ist die beste Variante das Dekompressionstape, da es auch die größte schmerzlindernde Wirkung hat. Eine genaue Anleitung findet sich im Abschnitt „ISG-Verspannungen". Da wird es allerdings genau auf das Sakrum getapt. Im Fall der Wasserrute würde das Zentrum des Dekompressionstape ein klein wenig weiter hinten liegen – stärker auf dem Übergang zwischen Sakrum und oberer Schwanzwirbelsäule oder nur auf letzterem.

Gittertapes:

Die Gittertapes vorsichtig mit den Fingern oder einer Kunststoffpinzette von der Trägerfolie entfernen, über den Bereich des Rutenansatzes, des Sakrums, der Schwanzwirbelsäule und der Muskulatur rechts und links entlangführen und überall da aufbringen, wo sie sich von alleine an das Fell heranziehen.

Wie beschrieben gibt es verschiedene Möglichkeiten zum Tapen einer Wasserrute, die keine Entweder-Oder-Entscheidung erfordern. Man kann die Varianten auch kombinieren und auch Gittertapes oder ein Dekompressionstape mit dem Propriozeptionstape für die Rute zusammen applizieren.

Stimulation des Bereiches rund um den schmerzhaften Bereich mit Gittertapes

WIRBELBLOCKADEN

Blockaden in der Wirbelsäule sind nicht ungewöhnlich und können verschiedene Ursachen haben. Sie können in allen Abschnitten von der Halswirbelsäule über Brust- und Lendenwirbelsäule bis hin zum Kreuzbein und den Schwanzwirbeln vorkommen.

Eine der häufigsten Ursachen sind Fehlbildungen der Wirbel, aber auch muskuläre Verspannungen und Fehlhaltungen, die dadurch die Wirbel in die falsche Position ziehen. Manchmal verursachen auch sehr plötzliche Bewegungen oder auch Traumate wie Unfälle oder Stürze diese Blockierungen.

Die Blockierungen führen zu einer vorübergehenden Einschränkung im normalen Bewegungsablauf des Hundes, da dadurch die reguläre Gelenkfunktion beeinträchtigt ist. Die Tiere erscheinen meistens steifer im Bewegungsablauf, auch Aufstehen und Hinlegen sind oft beschwerlich und in der Regel sind Schmerzen vorhanden.

Sind die Blockierungen gelöst worden, kann man danach noch unterstützend mit Stabilisierungstapes arbeiten, um dem Gewebe wieder mehr Halt zu geben und ein erneutes Blockieren zu verhindern.

Je nach Lage und Umfang der Wirbelblockierungen sieht die Tapinganlage etwas unterschiedlich aus.

Einfache Wirbelblockierung:

Wenn nur ein Wirbel blockiert ist, benötigt man vier I-Tapes mit abgerundeten Ecken, die mit der Inside-Out-Technik in Stabilisierungstechnik aufgebracht werden.

Beim ersten Streifen die Trägerfolie mittig einreißen und diesen Wirkungsbereich mit leicht- bis mittelgradiger Spannung schräg auf dem betroffenen Wirbel aufkleben. Diesen Wirkungsbereich sofort von einem Helfer mit den Händen fixieren lassen, damit kein primärer Recoil eintritt. Währenddessen die Enden auf beiden Seiten spannungsfrei aufbringen. Danach kann der Helfer den Wirkungsbereich loslassen.

Stabilisierungstape bei einer einfachen Wirbelblockierung

W

Der zweite Tapestreifen wird mit genau derselben Handhabung aufgebracht, aber schräg in die entgegengesetzte Richtung über dem Wirbel, sodass sich ein „X“ ergibt. Auch hier den Mittelteil fixieren, bis die Enden aufgeklebt sind!

Der dritte und vierte Tapestreifen wird weiterhin mit der Stabilisierungstechnik geklebt. Den dritten direkt vor dem betroffenen Wirbel und den vierten direkt dahinter kleben. Bei beiden Tapestreifen ebenso den Mittelteil des Tapestreifens fixieren, bis die Enden aufgebracht sind.

Mehrfache Wirbelblockierungen:

Sollten mehrere Wirbel hintereinander betroffen sein, könnte man zwar mehrere der zuvor beschriebenen Stabilisierungstapes hintereinander aufbringen, aber irgendwann käme man sich dabei mit den verschiedenen Tapestreifen in die Quere. Vor allem bei kleinen Hunden wäre gar nicht genügend Platz auf dem kurzen Rücken.

Deshalb nutzt man hier eine leicht abgewandelte Version des Stabilisierungstapes. Man benötigt mehrere kurze I-Tapes mit abgerundeten Ecken, entsprechend der Anzahl der blockierten Wirbel.

Hierbei wird auf jeden Wirbel mit der zuvor beschriebenen Technik ein Tapestreifen quer aufgebracht (hier im Bild in gelb). Auch hier den Wirkungsbereich fixieren, unter Fixation die Enden aufkleben und dann erst die Fixierung lösen.

Bei einer mehrsegmentalen Wirbelblockierung ist in den allermeisten Fällen die Rückenmuskulatur aufgrund der Schmerzen und der damit verbundenen reflektorischen Schutzspannung verspannt. Deshalb kann man die Stabilisierungstapes am besten mit einem entspannenden Rückenmuskeltape auf beiden Seiten (hier grün) kombinieren.

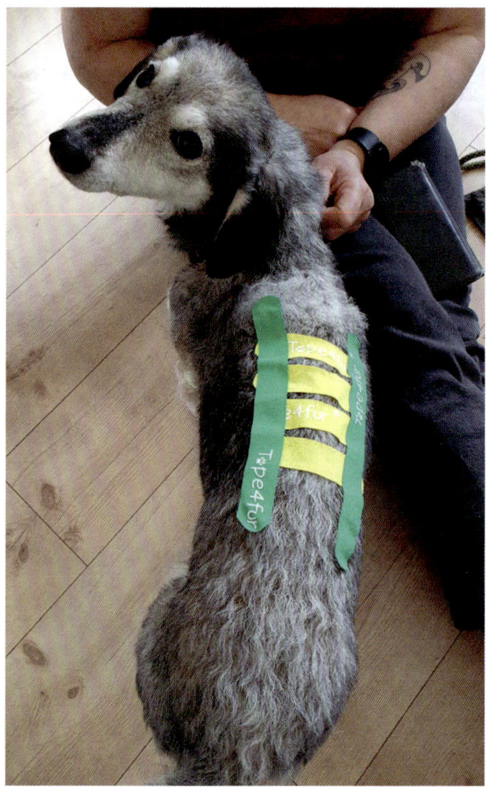

Kombitape für Wirbelsäule und Muskulatur bei mehrsegmentalen Wirbelblockierungen

Diese werden mit der End-to-End-Technik aufgebracht und der Hund sollte während des Tapens am besten nach unten schauen.

Die Trägerfolie etwa 2 – 3 cm an einem Ende entfernen und das Tape spannungsfrei in Höhe des Schulterblattes neben der Wirbelsäule aufkleben. Den Wirkungsbereich entlang des langen Rückenmuskels mit geringgradiger Spannung tapen und die sekundäre Basis dann wieder spannungsfrei applizieren.

Das Muskeltape sollte idealerweise auf beiden Seiten die Enden der Stabilisierungstapes abdecken. Am Ende sieht die Tapinganlage aus, als hätte der Hund eine Strickleiter auf dem Rücken.

WOBBLER-SYNDROM

Der Name für dieses Syndrom kommt aus dem englischen „to wobble" und bedeutet so viel wie wackeln oder instabil sein. Das beschreibt auch sehr gut das Bild, das sich bei den betroffenen Hunden zeigt: ein instabiler und wackeliger Gang.

Ursache für dieses Gangbild sind Schädigungen in der Halswirbelsäule bzw. eine Kompression des Rückenmarks in diesem Bereich. Daher bezeichnet man es auch als zervikale Spondylomyelopathie (ZSM). Dies führt dann zu Ataxie, Bewegungsstörungen und in ganz schlimmen Fällen zu Lähmungen der Gliedmaßen. Auch hier sind Schmerzen meistens ein großer Begleitfaktor.

Hauptursache für diese Schädigungen sind angeborene Fehlbildungen der Wirbel im Halsbereich, Instabilitäten zwischen dem 4. und 7. Halswirbel, aber auch chronisch-degenerative Krankheiten wie ein Bandscheibenvorfall oder Arthrose der Halswirbel.

Neben operativen Möglichkeiten sind Ruhigstellung, Schmerzmittel und Physiotherapie die besten Behandlungsmöglichkeiten. Tape kann man dabei gut als unterstützende Therapieform nutzen. Wie so oft gibt es auch beim Wobbler-Syndrom mehrere Möglichkeiten, das kinesiologische Tape zu nutzen.

Stabilisierungstape

Für den Bereich der Halswirbelsäule kann man sehr gut, genau wie bei einer mehrsegmentalen Wirbelblockierung, ein Stabilisierungstape nutzen. Dies ist ausführlich im vorherigen Krankheitsbild beschrieben, wobei das „Strickleiter-Tape" in diesem

Bereich deutlich kleiner ausfällt und im Bereich des dritten Halswirbels bis ersten Brustwirbels liegt.

Gittertape

Bei kleineren Hunden wird es mit dem Stabilisierungstape im Halsbereich sehr schwierig und eng. Da sollte man besser auf Gittertapes zurückgreifen. Diese vorsichtig mit den Fingern oder einer Kunststoffpinzette von der Trägerfolie abziehen, jeweils auf beiden Halsseiten auf der Halswirbelsäule und auch entlang der betroffenen Gliedmaßen entlangführen und da aufbringen, wo sie sich von allein an das Fell heranziehen.

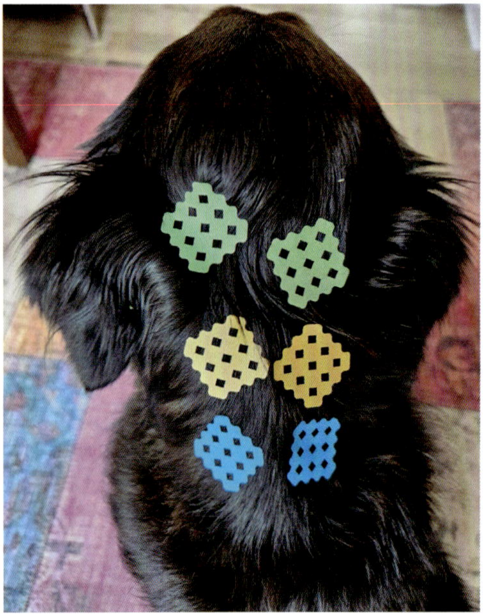

Gittertapes im Bereich der Halswirbelsäule bei Wobbler-Syndrom

Propriozeptionstape

Für die betroffenen Gliedmaßen ist das Propriozeptionstape ideal. Hierfür benötigt man pro Bein ein Fächertape mit einer geraden Anzahl an Fingern (am besten vier). Das Ganze wird mit der Propriozeptionstechnik komplett spannungsfrei aufgebracht. Die benötigte Länge mittig von der Oberarm- bzw. Oberschenkelmuskulatur bis zum Boden messen und dann je nach Größe des Hundes noch gut 5 – 10 cm Tape hinzufügen. Aus diesem doch sehr langen Tapestreifen dann entsprechend die vier Finger schneiden und etwa 5 cm Basis übriglassen. Trägerfolie am Übergang von der Basis zu den Fingern einreißen und umknicken, damit man sie beim Tapen besser greifen kann.

Die Basis wird wie beim Abmessen spannungsfrei mittig in der Schultermuskulatur der betroffenen Gliedmaße aufgeklebt. Dann beginnt man mit dem vordersten Tapefinger und zieht immer wieder ein Stück der Trägerfolie ab und hält ihn ganz locker und ohne Spannung und klebt diesen so spannungsfrei spiralförmig vorwärts-abwärts vorn um die Gliedmaße herum in Richtung Pfote. Mit dem hintersten Tapefinger verfährt man genauso: spannungsfrei spiralförmig in Richtung Pfote, nur in die entgegengesetzte Richtung, hinten um das Bein herum. Die inneren Tapefinger werden ebenso aufgebracht, aber ca. 3 – 5 cm versetzt tiefer. Der innere vordere Tapestreifen ist also parallel zum äußeren vorderen Tapestreifen und

Propriozeptionstape bei Ataxie einer Gliedmaße

der innere hintere Tapestreifen parallel zum äußeren hinteren Tapestreifen.

Die Enden der Finger werden wie üblich spannungsfrei appliziert und sollten am besten mit einem spannungsfreien Anker gesichert werden, damit sie sich beim Gassigehen nicht aus Versehen irgendwo verfangen und vorzeitig ablösen.

Wenn das Taping richtig angelegt wurde, sieht es am Ende so aus, als würde der Hund an der betroffenen Gliedmaße eine Netzstrumpfhose tragen.

Man kann beide Gliedmaßen gleichzeitig mit einem Propriozeptionstape versehen oder abwechselnd mal rechts und mal links tapen. Dies ist oftmals sogar effektiver, denn ein einseitiger Reiz wird vom Tier aktiver wahrgenommen, als wenn dieser gleichmäßig auf beiden Seiten erfolgt. Dadurch erfolgt auch eine stärkere Aktivierung der Gliedmaße, und da das Tier von sich aus ja im Gleichgewicht bleiben möchte, wird die gegenüberliegende, tapefreie Gliedmaße automatisch mit aktiviert.

WUNDEN

Wer den ersten Teil des Buches noch in Erinnerung hat, weiß, dass Wunden eine Kontraindikation darstellen und man direkt darauf kein Tape anbringen sollte. Aufgrund der Wundflüssigkeit würde es sowieso nicht halten. Es gibt dennoch eine Möglichkeit, wie man die Wundheilung unterstützen kann, nämlich mit Gittertapes, die man außen rund um die Wunde herum anbringt.

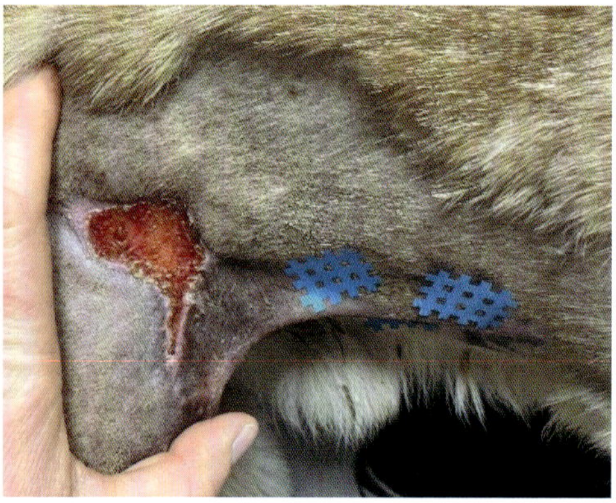

Gittertapes nicht direkt auf eine Wunde aufbringen, sondern immer nur darumherum!

Die Gittertapes vorsichtig mit den Fingerspitzen oder einer Kunststoffpinzette von der Trägerfolie abziehen, rund um die Wunde dicht über das Fell führen und überall da aufbringen, wo sie sich von allein an das Fell heranziehen.

Es gibt noch eine weitere Verwendung von kinesiologischem Tape bei der Versorgung von Wunden:

Tapes, die extra für die Haftung auf Fell konzipiert sind, eignen sich hervorragend, um Verbände zu befestigen oder Wunden mit einem Gazepad abzudecken, damit keine Fliegen darangehen und kein Dreck hineinkommt. Wichtig ist auch hier, dass man nur geringgradige Spannung nutzt, damit sich das Tape / der Verband nicht zu stark zusammenzieht und somit vorzeitig wieder ablöst oder im schlimmsten Fall etwas einschnürt oder auf die Wunde drückt.

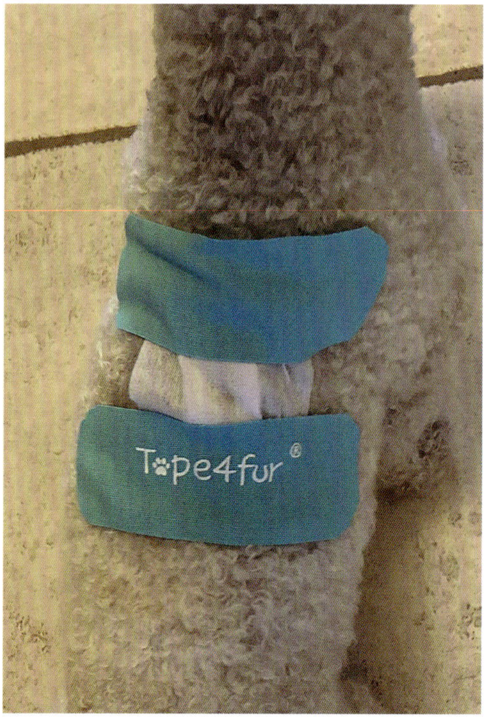

Kinesiologisches Tape eignet sich auch hervorragend zur Fixierung eines Wundverbandes.

X-BEINIGKEIT

X-Beinigkeit ist oftmals eine angeborene Fehlstellung, welche die Vorder- und Hintergliedmaße betreffen kann. Man sieht sie aber auch bei älteren Tieren, bei denen mit zunehmendem Alter die Muskulatur abbaut und die dann eine gewisse X-Beinigkeit entwickeln, um dadurch einen stabileren Stand zu bekommen. Bei dieser Fehlstellung werden die Hüfte und das Knie nach außen rotiert. Als Folge kommen die Sprunggelenke immer dichter zusammen, wodurch sich das „X"-förmige Standbild ergibt. Die Pfoten wiederum zeigen nach außen.

Wenn man dieser Fehlstellung entgegenwirken möchte, kann man unterstützend zu viel physiotherapeutischer Arbeit ein Korrekturtape nutzen. Am effektivsten ist dies bei der angeborenen Fehlstellung und je jünger und noch im Wachstum befindlich der Hund ist.

Bei alten Tieren ist von einem Korrekturtape eher abzuraten, da man ihnen mit dieser Korrektur oftmals die Stabilität nimmt und sie sich dann eher schwerer tun. In dem Fall wären eher aktivierende Muskeltapes für Rücken und Hinterhand sinnvoll. Dazu gibt es eine ausführliche Beschreibung in den Fallbeispielen „Atrophierte, schwache Hinterhandmuskulatur" und „Atrophierte, schwache Rückenmuskulatur".

Für das eigentliche Korrekturtape benötigt man ein I-Tape pro Gliedmaße mit abgerundeten Ecken, das mit End-to-End-Technik aufgebracht wird.

Hintergliedmaße:

Zur Vorbereitung die Oberschenkelinnenseite mit Babypuder und Mikrofasertuch abreiben, um den Hautfettanteil zu reduzieren.

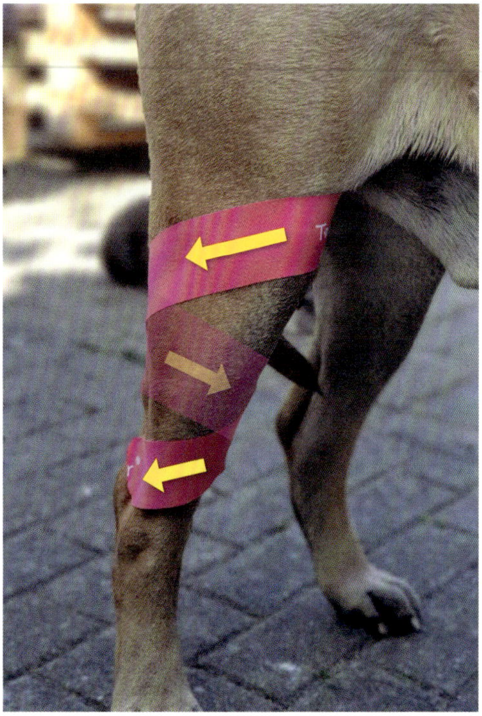

Unterstützendes Korrekturtape bei X-Beinigkeit an der Hintergliedmaße

W X

Etwa 2 – 3 cm von einem Ende des Tapestreifens die Trägerfolie entfernen und diese spannungsfrei so weit oben wie möglich auf die Oberschenkelinnenseite tapen. Den Wirkungsbereich dann mit mittelgradiger Spannung spiralförmig nach außen um den Oberschenkel herum in Richtung Knie bzw. Sprunggelenk applizieren. Das sekundäre Ende wird wiederum spannungsfrei aufgebracht und sollte dabei am besten seitlich am Sprunggelenk enden.

Durch die Zugrichtung (Recoil) des Tapes zur primären Basis wird hier eine Korrektur angeregt, bei der Hüfte und Knie wieder stärker nach innen rotieren und als Folge davon das Sprunggelenk wieder weiter nach außen dreht bzw. gerader steht.

Da meistens beide Gliedmaßen betroffen sind, sollte die Taping-Anlage auch an beiden Beinen angebracht werden.

Eine weitere Möglichkeit zur Unterstützung an der Hintergliedmaße wäre ein aktivierendes Muskeltape der Adduktoren, denn diese sind aufgrund der Außenrotation des Hüftgelenkes oftmals deutlich überdehnt. Leider lässt sich dieser Bereich beim Hund aber sehr schlecht bis gar nicht tapen, denn wir haben es hier in der Regel mit wenig Fell, dafür aber viel Hautfett zu tun, was das Tape schlecht haften lässt. Oft ist der Bereich auch einfach schlecht zugänglich und mitunter sogar überempfindlich.

Vordergliedmaße:

Da hier die Anatomie anders ist und man auch nicht um den Oberarm herum tapen kann, da dieser am Rumpf anliegt, wird hier mit dem Korrekturtape etwas anders verfahren.

Etwa 2 – 3 cm von einem Ende des Tapestreifens die Trägerfolie entfernen und diese spannungsfrei außen in Höhe des Ellenbogens aufkleben. Den Wirkungsbereich dann mit mittelgradiger Spannung spiralförmig nach innen um den Unterarm herum in Richtung Pfote applizieren. Das sekundäre Ende wird wiederum spannungsfrei kurz vor der Pfote aufgebracht.

Durch den Recoil zur primären Basis seitlich am Ellenbogen unterstützt das Tape hier die Gliedmaße dabei, sich nach außen zu drehen.

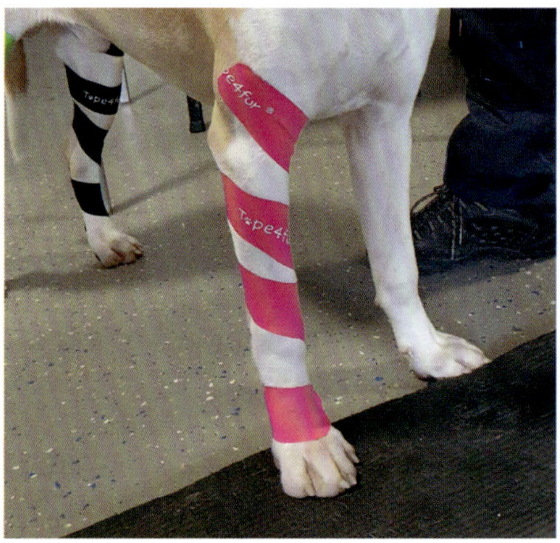

An der Vordergliedmaße kann man ebenfalls ein Korrekturtape nutzen.

ZEHENGRUNDGELENKSARTHROSE

Über Arthrose gibt es schon zu Beginn der Fallbeispiele einen ausführlichen Abschnitt. Dort werden unter anderem die Akupunkturpunkte Blase 11 und Lunge 7 zur allgemeinen Unterstützung bei Arthrose empfohlen. Diese gelten selbstverständlich auch bei einer Zehengrundgelenksarthrose, die sich beim Hund im Alter recht häufig findet. Der Hund zeigt zu Beginn ein leichtes „unrundes" Gangbild, was mit fortschreitender Arthrose in ein deutliches Humpeln übergehen kann. Das Tier möchte einfach dem Schmerz in der Zehe ausweichen und entlastet dementsprechend beim Laufen die betroffene Pfote vermehrt.

Eigentlich ist die beste Taping-Anlage für arthrotische Geschehen das Sterntape. Allerdings ist der Bereich der Pfote und vor allem der Zehengrundgelenke so klein, dass es eigentlich unmöglich ist, dort ein Sterntape aufzubringen.

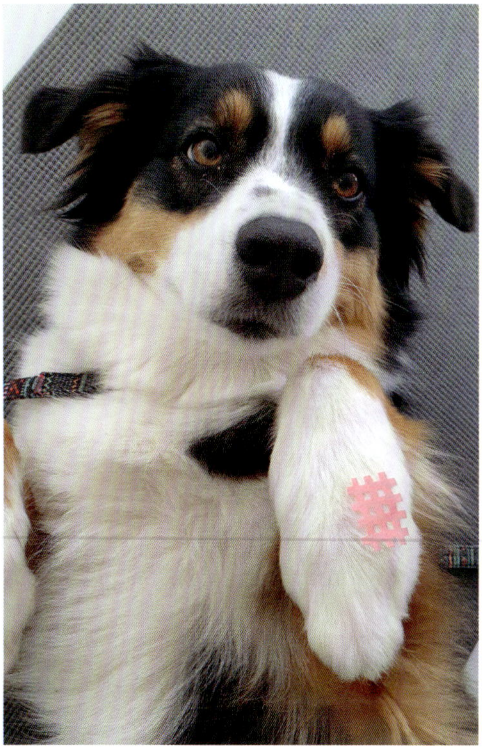

Gittertapes sind ideal für sehr sehr kleine Befunde wie Arthrose an den Zehengelenken.

Insofern sind wir hier ganz klar bei der Nutzung von Gittertapes.

Diese vorsichtig mit den Fingerspitzen oder einer Kunststoffpinzette von der Trägerfolie abziehen und im Bereich der betroffenen Zehe dicht über das Fell führen. Überall da aufbringen, wo sie sich von allein an das Fell heranziehen. Im Anfangsstadium finden die Gittertapes ihren Platz meistens direkt am betroffenen Gelenk. Mit fortschreitender Arthrose ziehen sie sich oft an mehreren Stellen der Pfote und der unteren Gliedmaße heran, da auch die umgebenden Strukturen in Mitleidenschaft gezogen werden.

Z

ZWERCHFELLBLOCKADE

Als Folge von Atemwegsproblemen kann es auch zu einer Blockierung des Zwerchfells kommen. Da dieses an der Ein- und Ausatmung beteiligt ist, muss es umso angestrengter arbeiten, wenn die Atmung durch Infekt, Zwingerhusten oder ähnliches eh schon schwerfällt.

Aber auch massive muskuläre Verspannungen im Rücken infolge von Spondylosen (um nur ein Beispiel zu nennen) können sich über kurz oder lang auf das Zwerchfell übertragen, da dieses auch mit der Rückenmuskulatur verbunden ist.

Das Zwerchfell (Diaphragma) ist eine Muskelplatte, welche die Brust- von der Bauchhöhle trennt. Es ist ein kuppelartig gewölbter, in sich geschlossener und abgeplatteter Muskelring, der die innere Brustwand auf beiden Seiten verbindet. Seinen oberen Anhangspunkt hat es am letzten Brust- bzw. ersten Lendenwirbel, der untere Ansatzpunkt befindet sich am Ende des Brustbeines.

Das Diaphragma ist der zentrale Atemmuskel. Beim Einatmen verschiebt es sich nach schräg-abwärts, sodass sich die Lunge erweitern kann. Beim Ausatmen zieht es sich wieder nach vorwärts-aufwärts zusammen und die Lunge wird wieder kleiner.

Selbstverständlich kann man wie bei allen Atemwegsproblemen ein Dermatomtape für den Lungenbereich nutzen. Dies deckt auch das Zwerchfell ab. Siehe den Abschnitt „Atemwegsprobleme".

Man kann aber auch das Zwerchfell ganz gezielt mit dem Tape ansprechen. Dafür benötigt man zwei I-Tapes mit abgerundeten Ecken, die mit der End-to-End-Technik geklebt werden.

Ungefähr 2 – 3 cm von der Trägerfolie des ersten Tapestreifens entfernen. Diese primäre Basis spannungsfrei in Höhe des Überganges zwischen Brust- und Lendenwirbelsäule direkt auf dem Rücken aufbringen. Mit der Spannung, mit der das Tape von der Trägerfolie kommt, folgt man dem Verlauf des Zwerchfells schräg vorwärts-abwärts in Richtung des hinteren Endes des Brustbeines. Dort bringt man die sekundäre Basis spannungsfrei und mit Backup auf. Mit dem zweiten I-Tape verfährt man genauso auf der anderen Rumpfseite. Die Anfangsbasen am Rücken, ebenso wie die Endbasen am Brustbein, sollten dabei überlappen.

Dieses Zwerchfelltape kann bei Hunden mit Atemwegsproblemen einzeln verwendet oder gleichzeitig in Kombination mit dem Dermatomtape für den Lungenbereich kombiniert werden. Siehe dazu den Abschnitt „Atemwegsprobleme".

Unterstützendes Tapinganlage für das Zwerchfell, wenn dieses blockiert ist

KAPITEL 4

TAPING MIT ANDEREN THERAPIEFORMEN KOMBINIEREN

Wie schon bereits in Kapitel 1 beschrieben und auch immer wieder bei den Krankheitsbildern erwähnt, ist Kinesiologisches Taping eine *unterstützende Behandlungsform*.

Das bedeutet nicht, dass Tapen für sich alleine keine Wirkung hat, aber es ist einfach sehr viel effektiver, wenn man es mit anderen Behandlungsmethoden kombiniert. Ein paar Möglichkeiten, wie diese Kombinationen aussehen können, werden nachfolgend beschrieben.

AKUPUNKTUR

Akupunktur ist eine Behandlungsmethode aus der traditionellen chinesischen Medizin. Mit sterilen Akupunkturnadeln werden bestimmte Akupunkturpunkte gestochen. Wer kein Fan von Nadeln ist, kann stattdessen auch die Akupressur mit den Fingern nutzen oder auf die Laserakupunktur zurückgreifen.

Es gibt insgesamt 365 Akupunkturpunkte im Körper. Diese liegen auf den sogenannten Meridianen, die man auch Energiebahnen nennt, da durch sie die Lebensenergie fließt. Es gibt zwölf paarige Meridiane, die identisch auf der rechten und linken Körperhälfte vorkommen sowie drei unpaarige Meridiane.

Mithilfe der Akupunktur möchte man den Energiefluss regulieren und die Selbstheilungskräfte des Körpers anregen. Unterstützend zur Akupunktur, Akupressur oder Laserakupunktur kann man im Anschluss daran die betroffenen Punkte auch noch mit einem Gittertape versehen und die Behandlung somit noch etwas nacharbeiten lassen. Sind mehrere Punkte hintereinander betroffen, wie die Shu-Punkte des Blasenmeridians, die sich im Verlauf des langen Rückenmuskels befinden, kann man stattdessen auch einen Streifen des Kinesiologischen Tapes nutzen.

Bei einzelnen Punkten, wie es eigentlich auch am häufigsten vorkommt, könnte man eventuell Mini-Sterntapes kleben. Da das aber viel zu aufwendig ist, ist der Einsatz von Gittertapes viel einfacher und praktischer. Unter den Krankheitsbildern in Kapitel 3 finden sich dazu einige Beispiele. Weitere Beispiele für diese Kombinationsmöglichkeiten kann man auch in meinem Buch „Gittertapes – die tollen Helfer in der Tiertherapie" nachlesen.

Ideale Kombination: Erst Nadelung und danach noch ein Gittertape zum Nacharbeiten.

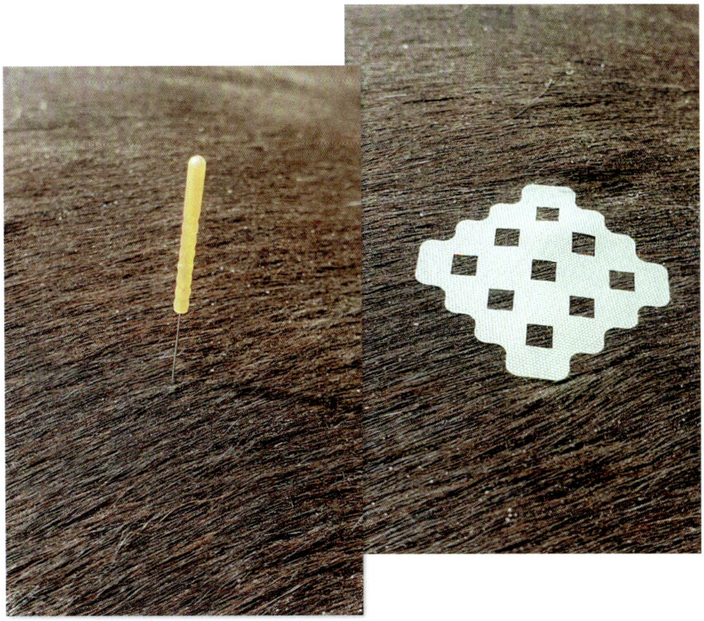

Es gibt 365 Akupunkturpunkte am Hund, die auf beiden Körperhälften entlang der Meridiane verteilt sind.

BALANCE-PADS

Balance-Pads in verschiedenen Formen und Weichheitsgraden werden heutzutage sehr rege in der Behandlung von Hunden genutzt. Dabei handelt es sich um stabile, meist runde oder quadratische Kissen aus einem thermoplastischen Weichschaum. Da sie relativ weich sind, bilden sie einen „instabilen" Untergrund für den Hund, der ihn dazu anregt, sich permanent selbst auszubalancieren. Dadurch werden die Tiefenmuskulatur und die Körperwahrnehmung angeregt sowie bei regelmäßiger Anwendung das Gleichgewicht, die Koordination und die Stabilität verbessert.

Am besten nutzt man die Balance-Pads, wenn das Tape bereits angelegt ist. Durch das ständige Ausbalancieren auf den Pads sieht es immer ein bisschen so aus, als würde der Hund schwanken. Dieses Schwanken verursacht Mikrobewegungen zwischen dem Fell und dem Tape, die ausreichen, um zusätzlich oberflächliche Propriozeptoren anzusprechen. Somit verstärkt man sowohl die Wirkung der Balance-Pads als auch des Tapes. Man kann aber auch erst im Training mit den Balance-Pads arbeiten und dann im Anschluss das Tape anlegen, um es nacharbeiten zu lassen.

Bei diesen in Kapitel 3 beschriebenen Krankheitsbildern kann man Balance-Pads in Verbindung mit den Tapes sinnvoll nutzen (Blockaden müssen vorher gelöst werden):

Verbesserung der Körperwahrnehmung mit Propriozeptionstape und Balance-Pad.

Ataxie, atrophierte Muskulatur, Brustbeinblockade, Blockierungen der Wirbelsäule, Dackellähme, Fehlstellungen, Gelenkinstabilitäten, ISG-Blockaden und -Verspannungen, lockere Kniebänder, Muskelfaserrisse, Patellaluxation, Plattfüße, Rollballen, verspannte Muskulatur, Wobbler-Syndrom, Zwerchfellblockade.

LASER

Behandlungen mit einem Laser sind im Tierbereich inzwischen sehr häufig anzutreffen. Das Wort „Laser" an sich ist eine englische Abkürzung und steht für „Light Amplification by Stimulated Emission of Radiation". Auf Deutsch bedeutet das: Lichtverstärkung durch stimulierte Strahlungsemission. Sehr vereinfacht beschrieben ist es stark gebündeltes, energetisches Licht in bestimmten Wellenlängen und Frequenzen.

Die Lasertherapie wird bereits seit den 1960er-Jahren eingesetzt. Das gebündelte Licht, das tief in das Gewebe eindringt, steigert die Zellenergie deutlich und setzt Heilungsprozesse in Gang. Die Behandlung mit einem therapeutischen Laser führt zu mehr Enzymaktivität in den Zellen. Als Folge davon kommt es zu einer Verbesserung der Durchblutung, zur Bildung kollagener Fasern, zur Förderung der Wundheilung und zu einer Schmerzlinderung.

Dabei nutzt man sogenannte Low-Level-Laser mit niederenergetischen Laserdioden. Diese produzieren im Gegensatz zum chirurgischen Laser keine Wärme, sondern arbeiten auf der gerade beschriebenen biostimulativen Ebene.

Die Anwendungsmöglichkeiten für den Laser sind sehr vielfältig: Hauterkrankungen, Wunden, Entzündungen, chronische Erkrankungen des Bewegungsapparates, muskuläre Verspannungen, Arthrose, Sehnenschäden, Kapsel- und Bänderverletzungen oder Narben.

Möchte man die Lasertherapie mit dem kinesiologischen Taping kombinieren, ist es wichtig, immer als erstes den Laser einzusetzen und danach das Tape aufzubringen. Der Laser wirkt nicht durch Kleidung hindurch, und da Tape aus einem Baumwollgewebe besteht, kann er auch dieses nicht wirklich durchdringen.

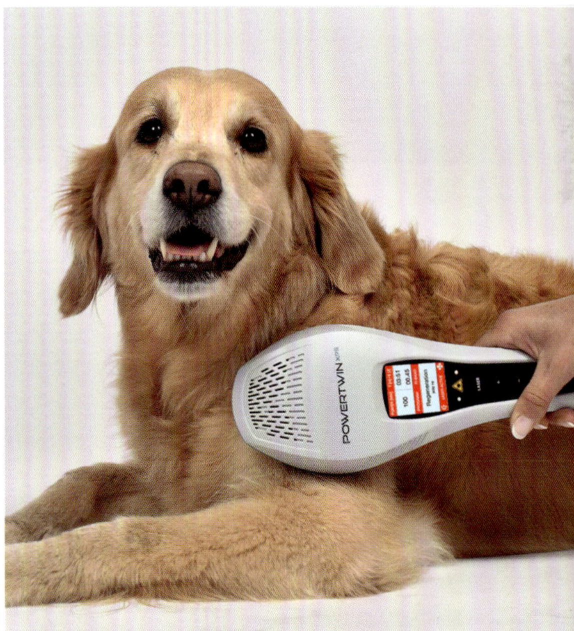

Auch nach der Laserbehandlung kann man noch unterstützend Tape oder Gittertapes nutzen.

MAGNETFELDTHERAPIE

Durch Strom werden pulsierende Magnetfelder erzeugt, auf die der Körper reagiert. Zellstoffwechsel und Mikrozirkulation werden angeregt, was zu einer besseren Sauerstoffversorgung im Gewebe und Zellregeneration führt. In der Folge werden die Abwehrkräfte, die Durchblutung sowie die Selbstheilungskräfte durch das Magnetfeld stimuliert.

Das pulsierende Magnetfeldsystem erzeugt ein pulsierendes elektromagnetisches Feld, das durch den kompletten Körper (Knochen- und Weichteilgewebe) schwingt und den Hund ganzheitlich anspricht. Auch ist bei vielen Tieren eine Verbesserung des allgemeinen Wohlbefindens zu beobachten, da es ein positiver Impuls für den gesamten Organismus ist.

Die Magnetfeldtherapie kann man gleichzeitig in Kombination mit dem kinesiologischen Tape nutzen oder man bringt das Tape nach der Magnetfeldbehandlung an und lässt das Tape noch langfristiger nachwirken.

Bei folgenden Problemen kann man Magnetfeld und Tape sehr gut kombinieren: Arthrose, Bandscheibenvorfall, Cauda equina, Hüftgelenksprobleme, muskuläre Probleme, Atemwegsprobleme, Schwellungen, Sehnenverletzungen, Narben, Magenprobleme, Verspannungen u.v.m.

MANUELLE THERAPIEN

Alles, was wir mit unseren Händen tun, sind manuelle Behandlungsmöglichkeiten: „Manus" ist der lateinische Begriff für Hand. Dazu gehören alle Formen der Massagen sowie das Lösen von Faszien, aber auch manuelles Lösen von Blockaden, Dehnungsübungen sowie Narbenbehandlungen.

All diese Behandlungen und Griffe sind vor dem Tapen anzuwenden – erst im Anschluss wird das Tape aufgebracht, um es noch länger nachwirken zu lassen und die manuelle Therapie noch nachhaltiger zu machen.

Deshalb wiederhole ich gerne nochmal das Zitat einer Kollegin, das bereits im ersten Kapitel genannt wurde: „Das kinesiologische Tape sind die Hände des Therapeuten, wenn dieser schon längst gegangen ist!"

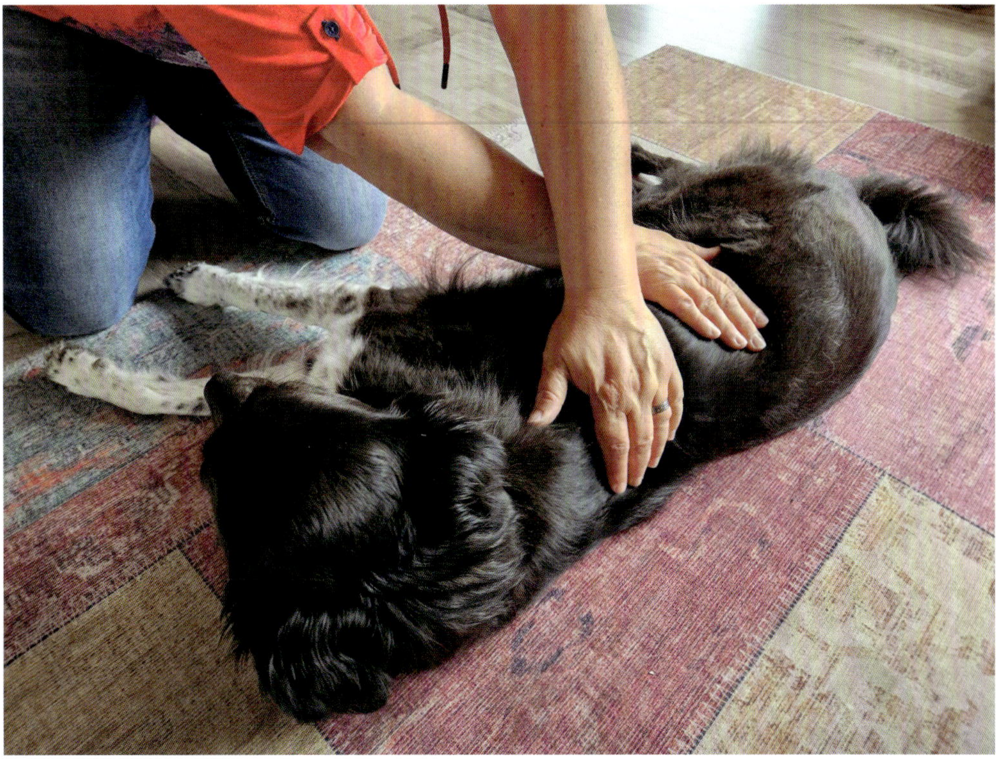

Erst kommt die manuelle Behandlung und dann das kinesologische Tape bzw. die Gittertapes.

MASSAGE- UND FASZIENGERÄTE

Es gibt heutzutage einen großen Markt an Hilfsgeräten, die das Behandeln des Weichteilgewebes noch zusätzlich unterstützen und auch durchaus leichter machen. Egal ob es nun ein Massagegerät, ein Schallwellengerät, eine Faszienrolle oder ein Igelball ist, all diese Geräte helfen bei der Behandlung des Weichteilgewebes. Welches man nutzen möchte, ist nur eine Frage der persönlichen Vorliebe und eventuell des Geldbeutels.

Allerdings ist es wichtig, dass man sich nicht ausschließlich auf diese Geräte verlässt. Das wichtigste Behandlungsgerät eines jeden Therapeuten sind immer noch die eigenen Hände! Nur damit kann man wirklich spüren, wie sich das Gewebe tatsächlich anfühlt und ob eine Behandlung effektiv war. Insofern sollte man auch immer bei der Nutzung eines Massage- oder Fasziengerätes vorher und nachher mit den Händen über das Gewebe streichen, um feststellen zu können, ob wirklich eine Veränderung oder Verbesserung stattgefunden hat.

Für all diese Geräte gilt in der Behandlung von Muskeln und Faszien das Gleiche wie für die manuelle Behandlung: Erst das Gerät, dann das Tape zum Nacharbeiten.

*Massage- und Faszientools sollten zum Einsatz kommen, **bevor** man das Tape aufklebt.*

WÄRMEKISSEN

Kissen mit Dinkelspelz oder anderen Getreidemischungen sind bei Menschen und Tieren gleichermaßen beliebt. Sie passen sich aufgrund ihrer Füllung ideal den Konturen des Körpers an und die Hunde können sich wunderbar darauflegen. Dabei nehmen sie die Körperwärme des Tieres auf, erwärmen sich somit von selbst und reflektieren diese Wärme wieder zurück.

Durch die Wärme haben sie einen entspannenden Effekt auf das Tier und steigern das allgemeine Wohlbefinden.

Ähnlich wie bei der Magnetfelddecke kann man die Wärmekissen gleichzeitig in Kombination mit dem kinesiologischen Tape nutzen – oder man bringt das Tape danach an und lässt es noch langfristiger nachwirken.

Bei folgenden Problemen kann man Wärmekissen und Tape sehr gut kombinieren: Arthrose, Beckenschiefstand, muskuläre und fasziale Probleme und Verspannungen, Atemwegsprobleme, Rückenprobleme, Magenprobleme, Rückenwirbel- und ISG-Blockierungen, ISG-Verspannungen, Zwerchfellblockade.

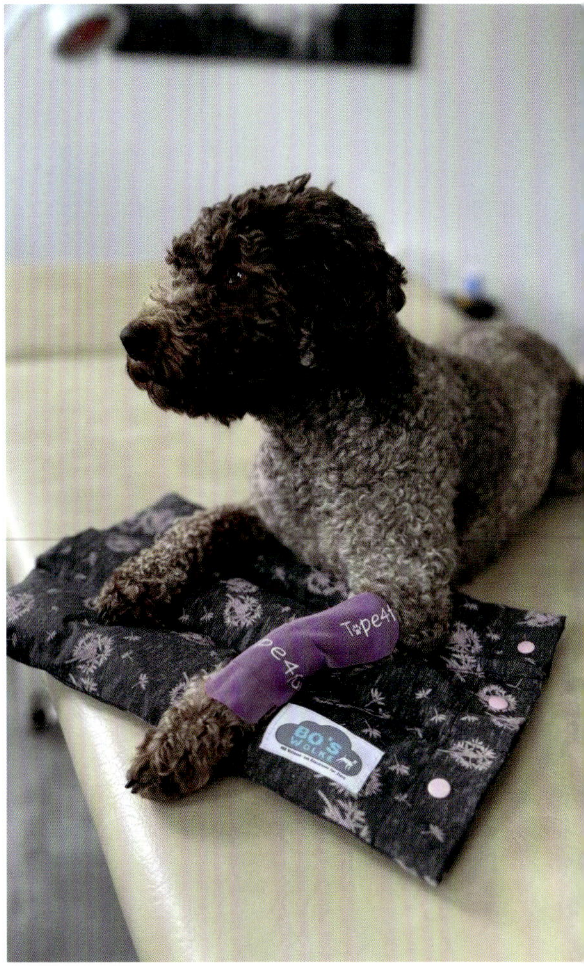

Die entspannde Wirkung des Tapes kann man mit einem Wärmekissen kombinieren.

WASSERLAUFBAND

Auch mit Aquatherapie kann man kinesiologisches Tape kombinieren. Im Gegensatz zu den meisten anderen Therapiemöglichkeiten ist es hier ganz wichtig, dass das Tape zuerst angebracht werden muss und der Hund erst im Anschluss in das Wasserlaufband kann. Da Tape nur schlecht bis gar nicht auf nassem Fell haftet, ist diese Reihenfolge hier wirklich zu beachten. Insofern ist es auch absolut unbedenklich, wenn der getapete Hund beim Gassigehen in einen Bach oder Teich geht.

Das Wasserlaufband ist ideal für den Muskelaufbau und das Konditionstraining, deshalb kann man es hervorragend mit Muskel- oder auch Propriozeptionstapes kombinieren.

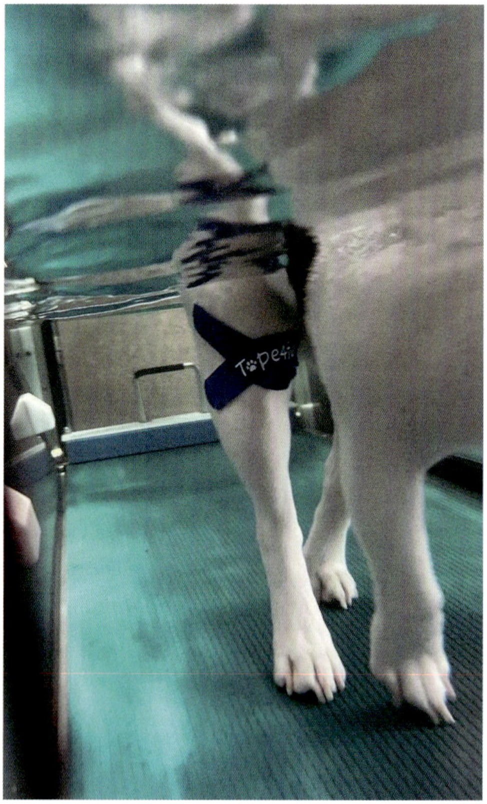

*Da auf nassem Fell kein Tape haftet, sollte man tapen, **bevor** der Hund ins Wasserlaufband geht.*

ANHANG

DANKSAGUNG, QUELLEN, ÜBER DIE AUTORIN, INDEX

DANKSAGUNG

Da weiß ich gar nicht, wo ich anfangen soll … Aber wie immer gilt mein größter Dank meinem Mann, der mich in allen Projekten immer unterstützt und dabei auch leider oftmals meine Launen oder Phasen, in denen ich nicht auf seine Fragen reagiere, ertragen muss …

Vielen Dank an alle Hunde (vor allem an „Maya"), die so geduldig Modell gestanden, gesessen oder gelegen haben.

Vielen Dank an alle Hundebesitzer, die mir ihre Hunde zur Verfügung gestellt und damit einverstanden waren, dass ich Fotos von ihren Hunden in diesem Buch nutzen durfte.

Ein ganz besonderer Dank geht an „Barney" und „India", unsere beiden Models vom Titelbild auf dem Buchumschlag, sowie ihre Besitzerin Sina Storm. Die beiden waren einfach unfassbar geduldig (und ja, zum Ende des Fotoshootings auch etwas genervt), als es darum ging, das wichtigste aller Bilder zu machen. Aber für Leckerlis tut man ja bekanntlich fast alles, und auch Sina war so mit Feuereifer dabei, die Hunde zu bespaßen, dass sie an diesem Tag fast zu spät zur Arbeit gekommen wäre. Vielen Dank, ihr drei! Ohne euren Einsatz wäre das Titelbild niemals so toll geworden.

Vielen Dank an Gisela Rau vom Kynos Verlag, die nach dem Erscheinen von „Das Pferdetaping Lexikon" sofort gesagt hat, dass man so ein Buch auch für Hunde braucht.

Vielen Dank an all meine Therapeutenkolleginnen (und nein, ich werde hier nicht gendern, da es in 99,99 % aller Fälle Frauen sind!), die mich mit ihren Fachfragen zu unzähligen Krankheitsbildern bei Hunden zu diesem Buch inspiriert haben.

Besonderer Dank gilt hier meiner lieben Kollegin Lea Volkmann, die als erste meine Liste der Krankheitsbilder gelesen und mit ein paar Ergänzungen für gut befunden hat. Auch sind sehr viele Bilder von ihrer täglichen praktischen Arbeit sowie von ihrer tollen Hündin „Gioia" in dieses Buch eingeflossen.

Ebenso großer Dank an „Kalle" und Alexandra von Tresckow, die nach einem Pferdetapingkurs noch spontan Model gestanden haben. Manchmal braucht es halt einfach einen großen, kurzhaarigen, unifarbenen Hund mit einer Engelsgeduld.

ÜBER DIE AUTORIN

Kinesiologisches Taping und auch Gittertapes gehören schon seit vielen Jahren zu meiner täglichen Arbeit als Tierphysiotherapeutin.

Schon immer sehr begeistert vom kinesiologischen Taping, habe ich die Bücher „Kinesiologisches Pferdetaping" im Müller Rüschlikon Verlag und „Kinesiologisches Taping für Hunde" im Kynos Verlag veröffentlicht. Beide Bücher wurden auch ins Englische übersetzt und sind bei Trafalgar Square Books erhältlich.

Neben der Tierphysiotherapie und dem Bücherschreiben widme ich mich noch meinem allergrößten Projekt:

Tape4fur®
MORE THAN JUST TAPE

(„fur" = engl. Fell)

Da ich schon seit so vielen Jahren Tape nutze, war es mir einfach ein Herzensbedürfnis, ein Tape für Tiere zu entwickeln, das meinen Vorstellungen entspricht und das optimal auf Fell hält. Dazu gehören neben dem klassischen kinesiologischen Tapes auch Gittertapes.

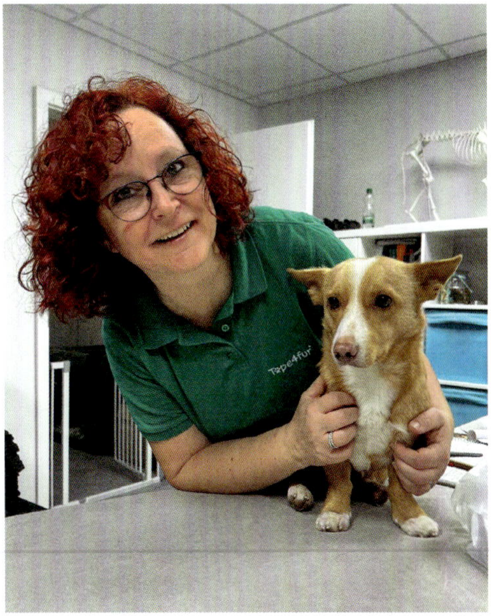

Falls du noch Fragen zum Pferdetaping hast, kannst du dich gerne auf meiner Internetseite oder über die sozialen Medien informieren oder mir direkt eine Mail schicken:

- **www.tape4fur.de**
- **info@tape4fur.com**
- **https://www.facebook.com/tape4fur/**
- **https://www.instagram.com/tape_4_fur/**

LITERATURQUELLEN

www.flexion.doccheck.com

Anatomie der Haussäugetiere, 4. Auflage 2009, König / Liebich, Schattauer Verlag

Muskelatlas Hund für Tierphysiotherapeuten, 4. Auflage 2018, Katja Gühring, Igelsburgverlag

Arbeitsbuch Hundeanatomie, 1. Auflage 2014, Andrew Gardiner, Kynos Verlag

Kinesiologisches Taping für Hunde, 1. Auflage 2019, Katja Bredlau-Morich, Kynos Verlag

Gittertapes – die tollen Helfer in der Tiertherapie, 1. Auflage 2024, Katja Bredlau-Morich

dtv-Atlas Akupunktur, 10. Auflage 2011, Carl-Hermann Hempen,
Deutscher Taschenbuch Verlag

Taschenatlas Akupunktur bei Hund und Katze, 4. Auflage 2022, Christina Eul-Matern, Thieme Verlag

BILDNACHWEIS

Alle Bilder aus dem Bestand von Katja Bredlau-Morich und Robert Bredlau außer:

Heede Rudolph, Dr. Jeanette: S. 146 rechts

MKW Laser: S. 157

Ortega, Franziska: S. 23, 129

Rapp, Ina: S. 89, 103

Römer, Tanja: S. 76

Ronnebaum, Katharina: S. 59

Stolte, Nicole: S. 162

Viehböck, Vanessa: S. 71

Volkmann, Lea: S. 10, 63, 146 links, 161

INDEX

A

Achillessehne 77, 79
Akupunkturpunkt 43 ff., 60, 75, 89, 132, 149, 154 f.
Anfangsbasis 23, 25, 29, 32, 55, 66, 68, 84, 93, 95, 111, 127, 129
Angst 44, 46, 130, 132
Anhebe-Effekt 12, 22, 35, 47, 87, 99
Anker 18, 20, 23, 29, 50, 57, 63, 1234 f., 129, 145
Arthrose 28, 45, 47 ff., 60, 73, 75, 79 ff., 86 ff., 118, 143, 147, 149, 157 f. 161
Asymmetrie 35
Ataxie 49 ff., 119, 126, 128, 131, 133, 143, 145, 156
Ataxien 131
Atemwegsproblem 52, 150, 158, 161
Augenentzündung 56, 58, 118
Außenrotation (Fehlstellung) 72 f., 148

B

Back-up 24, 29, 37 f., 52 f., 58, 60, 74, 76, 82, 87, 90, 92, 94 ff., 102, 106, 108, 117, 121, 123, 125, 126, 128, 150
Balance-Pad 156
Bambuswirbelsäule 58 ff., 106
Bandscheibenvorfall 59, 61 f., 65, 67, 141, 143, 158
Beugesehne 32, 70, 111 f., 122
Bizepssehnenverletzung 62
Blockade 35, 85, 87, 141, 156, 159
Blutohr 62, 64, 118
Bursitis 116, 118

C

Cauda-Equina-Syndrom 65 ff.

D

Dackellähme 67, 156
Darm 14, 44
Dekompressionstape 37, 59 f., 106, 125 f., 140
Dermatom 52, 96
Dry Needling 127
Durchblutung 14, 99, 120, 122, 157, 158
Durchtrittigkeit 77, 108, 110

E

Ellenbogendysplasie 66, 68, 79, 81
Ellenbogen, Instabilität des 81
Ellenbogenschlingentape 66, 68 f., 81
Endbasis 20, 23 f., 29, 54, 109, 111, 117, 127, 129
End-to-End-Technik 25, 28 ff., 52 ff., 60, 62, 68, 70, 72, 74, 79, 84, 95 ff., 104 f., 111, 113, 116, 122 ff., 130, 135, 143, 147, 150
Entzündung 11, 14 f., 116, 157

F

Fächertape 19, 28, 32 ff., 50, 64, 93, 113, 115 ff., 137, 139, 144
Farben, Wirkung der 13
Fasziale Probleme 70, 91, 93, 113, 161

Fasziengerät 160
Faszientaping 30 f., 34
Faszientherapie 30, 70, 92, 94, 115
Fehlstellung 25, 72 f., 102 ff., 145, 147, 156
Fehlstellung der Gliedmaßen 25, 72 f.
Fehlstellung 25, 72 f., 80, 82, 86, 88, 105, 107, 133, 135, 156
Felllänge 11
Fellpflegespray 18
Femurkopfnekrose 74, 91, 93
Femurkopfresektion 72, 74, 77
Fieber 11, 14
Flat Puppy Syndrome 119

G

Gallenblase 14, 44
Gangbild 77, 123, 125, 143, 147, 149
Gang, steifer 125
Gelenkknorpel 47, 106
Gittertape 21 f., 43, 45 ff., 58, 64, 69, 75, 80 ff., 88 ff., 98 ff., 103, 106 f., 110, 112, 117 f., 127, 130 ff., 140, 144, 146, 149, 154 ff., 167 f.
Gleichgewichtsproblem 131, 133
Glutealmuskulatur 54

H

Haarwurzel 12, 35, 51, 140
Hämatomtape 32, 64, 116 ff.
Hauterkrankung 11, 157
Herzinsuffizienz 11
Hinterbackenmuskulatur 54 f., 134, 136
Hinterhandmuskulatur, schwache 54, 67, 84 f., 147
Hüftgelenksarthrose 48, 52, 54, 72 ff., 91, 93
Hüftgelenksdysplasie 74 ff.
Husten 52
Hyperextension des Sprunggelenks 77

I

Iliosakralgelenk 85
Impfbeule 78, 80 f., 118
Innenrotation (Fehlstellung) 73
Insektenstich 81, 118
Inside-Out-Technik 24 f., 28, 37 f., 47, 59, 61, 66, 76, 78, 85, 87 f., 91, 99, 101 f., 108, 125, 128, 138, 141
Instabilität des Ellenbogens 81
Instabilität des Karpalgelenks 82
Instabilität des Knies 84, 91, 98, 107, 109
Instabilität des Sprunggelenks 85
ISG-Blockade 85, 87, 156
ISG-Verspannung 87, 90, 140, 161
I-Tape 19, 28, 31, 37, 47, 52, 54 ff., 59, 60 ff., 66, 68, 70 ff., 82, 84 ff., 91, 95 f., 99, 101, ff., 108, 111, 113 f., 120, 122 ff., 133, 135, 138, 141 f., 147, 150

K

Karpalgelenk, Instabilität des 82
Karpalgelenksarthrose 88
Kastrationsnarbe 89 f., 99, 101
Kiefergelenksproblem 90 f.
Knieband 84, 91 f., 96, 98, 108, 156
Kniefaszie 31, 55, 91, 93 f., 113
Knie, Instabilität des 84, 91, 98, 107, 109
Knieschlingentaping 29
Konjunktivitis 58
Kontraindikation 11, 136, 144, 146
Kopfschiefhaltung 64, 129, 131 f.
Körperwahrnehmung 12, 35, 50 f., 126, 128, 138, 140, 156
Korrekturtape 25, 72 f., 104 f., 119, 147 f.
Kreuzband 91, 95 f.
Kreuzbandproblem 84, 93, 95
Kreuzbandriss 95, 98

L

Lähmungserscheinung 61, 65, 67
Laser 43, 157, 169
Leber 14
Lendenwirbelsäule 54, 63, 65 ff., 141, 148, 150
Lunge 47, 49, 52, 58, 60, 87 f., 148 ff.
Lymphflüssigkeit 12
Lymphtape 12, 25, 118

M

Magenproblem 96, 158, 161
Magnetfeldtherapie 158
Manuelle Therapie 159
Massage 70, 159 f.
M. biceps femoris 32, 54 f.
Meniskusschaden 98
Meniskusschäden 98
M. gluteus 54
Milz 14
M. semimembranosus 54, 134 f.
M. semitendinosus 54, 136
Muskelfaserriss 89, 98 ff., 156
Muskelsehnentape 62, 77 f.
Muskeltape 10, 28 f., 42, 54 ff., 59, 60, 62, 67, 84 f., 106, 119, 125 f., 133, 135 ff., 143, 147 f.
Muskulatur, verspannte 135, 156

N

Narbe 62, 89 ff., 157 f.
Narbentape 62, 89, 100 ff.
Nervosität 44, 46, 130, 132

O

O-Beinigkeit 72 f., 102, 104 f.
OCD 106
Off-Paper-Stretch 24, 32, 69, 82, 84, 95
Ohrinfektion 64
Osteochondrose der Wirbelsäule 106
Osteochondrose dissecans (OCD) der Gelenke 106
Othämatom 64

P

Patella 75, 105, 107 ff.
Patellaluxation 84, 91, 93, 105, 107, 109, 156
Physiotherapie 104, 117, 119, 143
Plattfuß 110, 112, 156
Propriozeption 12, 51, 126, 128
Propriozeptionstechnik 35, 50, 137, 139, 144

Q

Qi 43

R

Recoil 12, 22, 25, 28 ff., 63, 66, 71 f., 78, 82 ff., 92, 105, 108, 111, 113, 117, 122 ff., 133, 135, 139, 141, 148
Rollballen 112, 156
Rotationsfehlstellung 72
Rückenfaszie 31, 71, 111, 113 f.
Rückenmark 50, 65, 143
Rückenmuskel 29, 56, 60, 125 f., 133, 143, 154
Rückenmuskeltape 133, 140, 142
Rückenmuskulatur 10, 28, 52 ff., 60, 67, 95 ff., 104, 106, 133, 135, 140, 142, 145, 147, 150
Rückenmuskulatur, schwache 56, 67, 147
Rückenschmerzen 106, 123, 125

S

Sakrum 29, 54, 65 ff., 85 ff., 138 ff.
Schere 18
Schleimbeutelentzündung 116, 118
Schmerzkreuz 37
Schmerztape 37
Schwimmer-Syndrom 119
Sehnentape 62 f., 111, 122 ff., 129 f.
Sehnenüberdehnung 122
Sehnenverkürzung 123
Silvesterböller 46
Spacetape 37
Spannungstechnik 30 f., 71
Spondylose 28, 125
Spreizfuß 110
Sprunggelenk, Hyperextension des 77
Sprunggelenk, Instabilität des 85
Stabilisierungstape 11, 17, 37, 62, 65 ff., 77 f., 82, 85 f., 91 f., 96, 98, 109, 138 ff.
Stabilisierungstechnik 37 f., 66, 76, 78, 82 ff., 91, 108, 137 ff.
Sterntape 28, 37, 47 f., 61 f., 65, 67, 75 f., 87 ff., 98 f., 127 ff., 140, 149, 154
Stoffwechsel 14 f.
Stolpern, häufiges 82
Strecksehne 71, 122 f., 128 f.
Stress 46 f., 125, 127
Stresspunkt 127

T

Tapingtechnik 17, 20, 27
Therapie, manuelle 159
Trächtigkeit 11
Triggerpunkt 127 f.

U

Überköten 5, 128, 129, 130

V

Verklebung 31 f., 70 f., 93
Verletzung 11, 62, 64, 98, 104, 107, 138
Verspannte Muskulatur 135, 156
Verwringungstechnik 31, 70 f., 93, 113 f.
Vestibularsyndrom 44, 131, 133
Vibrationstechnik 30 f., 71, 91, 93 f., 113
Vordehnung 18, 24, 32, 50, 114, 116
V-Tape 54 f., 113 ff.

W

Wärmekissen 161
Wasserlaufband 162
Wasserrute 138, 140
Wirbelblockade 141
Wirbelgelenksarthrose 59
Wirbelkörper 59, 61, 106
Wirkung der Farben 13 f.
Wirkungsbereich 20, 23, 29 f., 37 f., 52 ff., 60, 63, 66, 76, 78 f., 82, 85 ff., 92, 96, 99, 105, 108, 111, 114, 123, 125, 130, 134 ff., 141 ff., 148
Wobbler-Syndrom 143 f., 156
Wunde 11, 62, 101, 128, 146, 157
Wunde, offene 11, 128
Wundheilung 15, 146, 157

X

X-Beinigkeit 73, 145, 147
X- und O-Beinigkeit 72

Y

Yintang 44, 46 f., 132
Y-Tape 19

Z

Zehengrundgelenksarthrose 11, 149
Zervikale Spondylomyelopathie 143
Zopftechnik 34, 71, 91, 93, 111 ff.
Zuchthündin 56
Zuschnitt 18 f., 28, 93, 120
Zwerchfellblockade 150, 156, 161
Zwingerhusten 52, 148, 150

Weitere Bücher, die Sie interessieren könnten:

Katja Bredlau-Morich

Kinesiologisches Taping für Hunde

Die bunten Tape-Bänder sieht man heute bei Sportlern fast aller Disziplinen. Aber auch Hunden helfen sie ergänzend zu anderen physiotherapeutischen Maßnahmen sehr gut, wenn es um die Förderung der körperlichen Eigenwahrnehmung, um Schmerz- und Drucklinderung und Lockerung der Muskeln und Faszien geht.
Dieses Buch gibt einen Überblick über die Möglichkeiten des kinesiologischen Tapings für Hunde, Materialkunde, Indikationen und Kontraindikationen, Schritt-für-Schritt-Anleitungen für verschiedene Taping-Anlagen wie z.B. Muskel-, Faszien- oder Narbentape und liefert konkrete Fallbeispiele aus der Praxis.

Flexicover, 160 Seiten, farbig
ISBN 978-3-95464-356-1